Photoshop 数字图像处理

(第 2 版)

主　编　赵　军　嵇可可　于春玲
副主编　杨建新　卢增宁　洪　源
参　编　王树华　王　成　杨兆帮　郑东道
主　审　安　进

北京理工大学出版社
BEIJING INSTITUTE OF TECHNOLOGY PRESS

内 容 简 介

《Photoshop 数字图像处理》（第 2 版）作为"十四五"江苏省职业教育规划教材，江苏省重点教材，专注于图像绘制与编辑、平面设计。全书分为基础篇和应用篇，涵盖 5 大学习情境 9 个项目。每个案例详细规划了从项目导入到课后拓展的完整流程，确保学生能够实现理论与实践的结合，全面掌握 Photoshop 和平面设计技能。

教材内容编排上，深入讲解了 Photoshop 的关键功能，如工具、图层、通道、路径、滤镜等，并通过案例教学，使学生在实践中深入理解和掌握。同时，书中融入色彩理论知识，为学生未来在人物美化、数码照片后期处理、UI 设计等领域打下基础。

特色板块"设计师的故事"通过介绍陈绍华、陈幼坚等设计大师的生平、理念及作品，传承设计文化。新增"知识驿站"模块，通过二维码链接线上资源，拓宽学生知识面。引入"视界工坊"模块，通过二维码链接线上案例视频，深度剖析 Photoshop 在实际项目中的应用细节，助力学生精准掌握核心技巧，提升实践能力。精选的"匠心筑梦纪"系列视频，展示企业设计师项目，启发创意思维，提升学习体验。

书中还展示了大量优秀设计作品，旨在提升学生的设计视野和意识，激发灵感。本书适合高等院校艺术设计、数字媒体专业学生及设计从业者使用，助力职业成长。

图书在版编目（CIP）数据

Photoshop 数字图像处理 / 赵军，嵇可可，于春玲主编. -- 2 版. -- 北京：北京理工大学出版社，2024.4

ISBN 978 - 7 - 5763 - 3882 - 9

Ⅰ. ①P… Ⅱ. ①赵… ②嵇… ③于… Ⅲ. ①图像处理软件 – 高等职业教育 – 教材 Ⅳ. ①TP391.413

中国国家版本馆 CIP 数据核字（2024）第 087596 号

责任编辑： 王玲玲		**文案编辑：** 王玲玲	
责任校对： 刘亚男		**责任印制：** 施胜娟	

出版发行 / 北京理工大学出版社有限责任公司

社　　址 / 北京市丰台区四合庄路 6 号

邮　　编 / 100070

电　　话 / (010) 68914026（教材售后服务热线）
　　　　　　　(010) 63726648（课件资源服务热线）

网　　址 / http://www.bitpress.com.cn

版 印 次 / 2024 年 4 月第 2 版第 1 次印刷

印　　刷 / 北京广达印刷有限公司

开　　本 / 787 mm×1092 mm　1/16

印　　张 / 19

字　　数 / 440 千字

定　　价 / 89.00 元

前　言

在 21 世纪数字化浪潮的推动下，设计已成为驱动社会进步与创新的关键力量。《Photoshop 数字图像处理》自 2011 年初版面世，凭借其系统全面且实用前沿的内容，迅速成为众多高等院校与设计机构的首选教材。历经多次修订与升级，本教材不仅作为技术指南，更化作引领设计创新、激发创意思维的宝典。2017 年，教材荣膺江苏省重点教材称号；2022 年，成功入选"十四五"职业教育江苏省规划教材，其对应的在线课程亦获批"十四五"江苏省职业教育第二批在线精品课程。

2024 年，我们迎来全新版本，案例全面更新，以契合最新设计趋势与技术。在"十四五"规划指引下，本教材积极呼应国家对创新型人才的培育需求，深度融合前沿设计理念与实用操作技巧，致力于打造一个丰富实用的学习平台。

一、教材创新与德育融合

《Photoshop 数字图像处理》（第 2 版）紧跟设计领域前沿动态，融合最新设计理念与技术，确保学生掌握实用且前瞻的设计知识。教材分为基础篇与应用篇，涵盖 5 大学习情境 9 个项目，全面覆盖 Photoshop 的基础与高级技巧，强调理论与实践结合，系统阐述设计理念的实践应用。本教材深度融入德育元素，结合具体案例引导读者树立文化自信，契合党的二十大报告中习近平总书记所强调的"教育、科技、人才是全面建设社会主义现代化国家的基础性、战略性支撑"这一理念，我们坚信设计不仅是技术展现，更是文化传承与创新的载体。

二、技术前沿与实践导向

在技术层面，本教材紧跟 Photoshop 的最新发展，详细解读其核心功能，如工具、图层、通道、路径、滤镜等，并通过精心设计的案例，引导学生在实践中深入理解和掌握。我们的案例选取紧贴实际，涵盖人物美化、数码照片后期处理、UI 设计等多个领域，旨在提升学生解决实际问题的能力，为学生开辟发展新领域新赛道，塑造发展新动能新优势，契合习近平总书记关于"深入实施科教兴国战略、人才强国战略、创新驱动发展战略"的重要指示。

三、拓展学习与丰富体验

为了拓宽学生的学习视野，本教材新增"知识探索"模块，通过二维码链接线上资源，为学生提供丰富的拓展学习材料。同时，特别增加了 22 个企业设计师的典型项目视频，如江苏天鸟文化传媒有限公司总经理王成设计师的"匠心筑梦纪"系列，让学生在欣赏大师作品的同时，汲取设计灵感和创意，推动习近平新时代中国特色社会主义思想进教材、进课堂、进头脑，实现潜移默化的培根铸魂、启智润心。

四、设计传奇与人文情怀

设计不仅是技术的展现，更是文化的传承与创新。本教材在介绍 Photoshop 技术的同时，特别注重设计文化的挖掘和传承。通过"设计师的故事"板块，介绍国内外知名设计师的生平事迹、设计理念、代表作品等，让学生在掌握设计技术的同时，感受设计背后的文化内涵和人文情怀。这些故事不仅是对设计文化的致敬，更是对学生进行文化自信教育的生动教材。

五、教材创新点

创新性与系统性融合：教材结构清晰，内容紧跟设计领域前沿，融合最新设计理念与技术。配套省级在线课程，形成完整线上线下的教、学系统，为推动习近平新时代中国特色社会主义思想进教材提供有力支撑。

互动性与拓展性增强：除书本配套的扫码学习微课视频外，在线课程提供丰富在线学习资源，设有读者互动与反馈专区，及时解答学习过程中遇到的问题，也为教材修订提供重要参考，实现教材内容的动态更新与优化。

德育元素与职业精神融入：通过"匠心筑梦纪"视频系列和"设计师的故事"板块，将德育与职业精神融入设计教育。旨在培养学生的文化自信与全球视野，同时弘扬设计工匠精神，为设计领域的专业人才培养奠定坚实基础，契合党的二十大精神，落实立德树人根本任务。

权威性与专业性保障：主编及副主编团队来自高校与企业（产教融合共同体），具备丰富的教学与实践经验，确保教材内容权威专业，为学生提供高质量、高标准的学习资源。

本教材由赵军、嵇可可、于春玲担任主编，杨建新（扬州工业职业技术学院）、卢增宁（宿迁泽达职业技术学院）、洪源（产教融合共同体头部企业，南京洛可可文化发展有限公司执行董事兼总经理）担任副主编，王树华（淮安长江广告有限公司设计总监）、王成（江苏天鸟文化传媒有限公司总经理）、杨兆帮（江苏劲嘉新型包装材料有限公司设计总监）和郑东道（江苏食品药品职业技术学院教材管理专家）参编，安进主审。

在本教材的修订过程中，我们得到了众多专家学者、设计师和企业家的鼎力支持与无私帮助。在此，向他们表示最诚挚的感谢！同时，我们也深知教材中难免存在疏漏和不足之处，恳请广大读者批评指正。我们期待在未来的日子里，能够与大家共同成长、共同进步！

编者

二维码资源索引表

设计师的故事

序号	资源分类	资源名称	所在项目	页码
1	设计师的故事	陈绍华：奥运标志设计大师	项目一	3
2	设计师的故事	中国平面设计：历史与特色	项目二	58
3	设计师的故事	中国平面设计之流派	项目三	97
4	设计师的故事	陈幼坚的设计传奇	项目四	123
5	设计师的故事	韩家英的设计艺术	项目四	123
6	设计师的故事	赵清的时光印象展	项目五	143
7	设计师的故事	孟瑾的绿色人文设计	项目五	143
8	设计师的故事	中国平面设计：蜕变与未来	项目七	207
9	设计师的故事	平面设计大师保罗·兰德	项目八	250
10	设计师的故事	设计大师梅顿·戈拉瑟与索尔·巴斯	项目八	250

匠心筑梦纪

序号	资源分类	资源名称	所在项目	页码
1	匠心筑梦纪	灵感与创新———借鉴的艺术	项目一	56
2	匠心筑梦纪	新人培养———教育与实践的结合	项目一	56
3	匠心筑梦纪	创意现实———客户需求与现实智慧	项目一	56
4	匠心筑梦纪	设计价值———美观与功能的平衡	项目二	93
5	匠心筑梦纪	沟通的艺术———审美共识的桥梁	项目二	93
6	匠心筑梦纪	模仿与超越———设计师的成长之路	项目三	121
7	匠心筑梦纪	艺术与社会———大众审美与设计引领	项目三	121
8	匠心筑梦纪	设计之魂———理念、文化与社会责任的融合	项目五	158
9	匠心筑梦纪	沟通的艺术———设计师与客户的共识	项目六	204
10	匠心筑梦纪	艺术边界———创意表达与社会服务的对话	项目六	204
11	匠心筑梦纪	创业路上的设计师———创意与市场策略的融合	项目八	284
12	匠心筑梦纪	品牌灵魂———LOGO 设计与企业文化	项目八	284
13	匠心筑梦纪	创意与现实的碰撞———满足客户需求的现实智慧	项目八	284

视 界 工 坊

续表

知 识 驿 站

序号	资源分类	资源名称	所在项目	页码
17	知识驿站	路径的运算	项目二	84
18	知识驿站	路径与选区的转换	项目二	84
19	知识驿站	通道的分离与合并	项目三	111
20	知识驿站	通道与选区的互相转换	项目三	111
21	知识驿站	锐化工具	项目四	125
22	知识驿站	海绵工具	项目四	125
23	知识驿站	减淡和加深工具	项目四	125
24	知识驿站	涂抹工具	项目四	125
25	知识驿站	能分身——仿章工具	项目四	125
26	知识驿站	追求完美——修补工具修复图像	项目四	129
27	知识驿站	选我修复，融入大背景——内容感知修补工具	项目四	130
28	知识驿站	裁剪和校正图像	项目四	131
29	知识驿站	红眼工具	项目四	131
30	知识驿站	图层菜单	项目五	146
31	知识驿站	背景图层及其转换	项目五	146
32	知识驿站	调整图层顺序	项目五	146
33	知识驿站	显示或隐藏图层、图层组或图层效果	项目五	146
34	知识驿站	删格化图层	项目五	147
35	知识驿站	重命名图层	项目五	147
36	知识驿站	图层锁定	项目五	147
37	知识驿站	图层过滤	项目五	148
38	知识驿站	图层合并	项目五	149
39	知识驿站	图层链接、对齐与分布操作	项目五	149
40	知识驿站	样式面板	项目六	165
41	知识驿站	图层混合模式	项目六	173
42	知识驿站	常用标点的使用限制	项目六	186
43	知识驿站	常用色彩模式	项目七	209
44	知识驿站	色彩模式间的相互转换	项目七	209

序号	资源分类	资源名称	所在项目	页码
45	知识驿站	直方图和色阶调色	项目七	209
46	知识驿站	去色、反相和阈值设置技巧	项目七	211
47	知识驿站	我要更靓——调整图像的颜色和色调	项目七	211
48	知识驿站	曝光度	项目七	216
49	知识驿站	色彩平衡和可选颜色调整技巧	项目七	216
50	知识驿站	照片滤镜、颜色匹配和图像变化的调整技巧	项目七	217
51	知识驿站	曲线	项目七	221
52	知识驿站	特殊色调调整	项目七	226
55	知识驿站	常用滤镜组	项目八	266
56	知识驿站	外挂滤镜安装方法	项目八	266
57	知识驿站	制作下雪效果	项目八	266
58	知识驿站	中国节日海报设计	项目八	285

目录

第二部分　应用篇

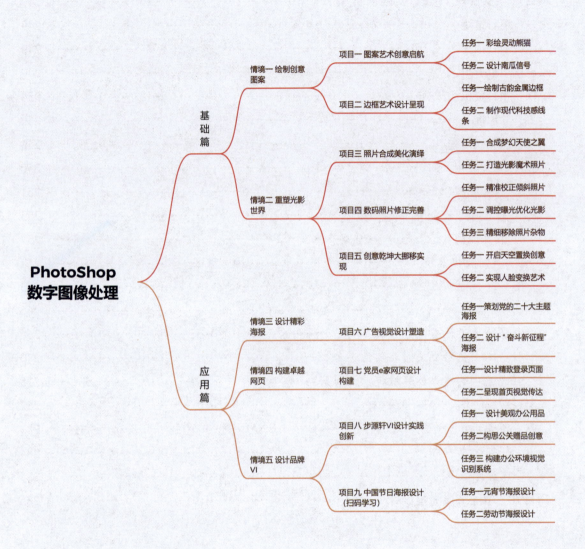

PhotoShop
数字图像处理

基础篇

情境一 绘制创意图案

项目一 图案艺术创意启航
任务一 彩绘灵动熊猫
任务二 设计南瓜信号

项目二 边框艺术设计呈现
任务一 绘制古韵金属边框
任务二 制作现代科技感线条

情境二 重塑光影世界

项目三 照片合成美化演绎
任务一 合成梦幻天使之翼
任务二 打造光影魔术照片

项目四 数码照片修正完善
任务一 精准校正倾斜照片
任务二 调控曝光优化光影
任务三 精细移除照片杂物

项目五 创意乾坤大挪移实现
任务一 开启天空置换创意
任务二 实现人脸变换艺术

应用篇

情境三 设计精彩海报

项目六 广告视觉设计塑造
任务一 策划党的二十大主题海报
任务二 设计"奋斗新征程"海报

情境四 构建卓越网页

项目七 党员e家网页设计构建
任务一 设计精致登录页面
任务二 呈现首页视觉传达

情境五 设计品牌VI

项目八 步源轩VI设计实践创新
任务一 设计美观办公用品
任务二 构思公关赠品创意
任务三 构建办公环境视觉识别系统

项目九 中国节日海报设计（扫码学习）
任务一 元宵节海报设计
任务二 劳动节海报设计

第一部分

基础篇

情境一

绘制创意图案

在当今这个科技快速发展的时代，在工作中，对各种科技概念的理解和应用的要求越来越高。今天，TechWork 公司要求小智设计一个富有科技感的图案，以展示 TechWork 公司在科技表达上的专业能力。但是小智刚入职不久，还不懂得如何使用 Photoshop 软件进行图案绘制，师傅告诉他，只需要通过运用 Photoshop 的绘制工具和特效处理等功能，就能够将科技元素与图案巧妙地融合起来，达到想要的效果。

项目一

图案艺术创意启航

本项目包含两个任务：彩绘灵动熊猫；设计南瓜信号。

一、项目情境

天线信号是一种常见的具有科幻未来感的设计元素，它经常被应用于各种产品和场景中，以营造未来感和科技感的氛围。

二、项目描述

作为一个 Photoshop 设计师，你的工作是用 Photoshop 去设计充满创意和艺术感的科幻风格图案，使其能够适用于各种未来主题的作品。Photoshop 软件是一款强大的图形图像处理软件，需要掌握它的各种功能，如绘图、上色和图层效果，以增强图案的立体感和细腻度；也需要了解图案的不同用途和标准，以便根据需要对图案进行调整和改进。

三、项目分析

1. 目标受众：首先要清楚项目的目标受众是谁，他们会在什么样的产品或场景中使用光环图案，探索他们的喜好和需求，为他们设计出更有魅力和趣味的图案。

2. 设计风格与元素：科幻未来感的图案设计要体现出未来科技和太空探索的主题，用独特的视觉去表达和构建一个令人惊叹的虚拟世界。可以运用流线型、几何图形、光影效果等元素去提升未来感和科技感。

3. 色彩选择：色彩是图案的主要表现和最直观的视觉感受。在本项目中，可以选用明亮的颜色，例如，蓝色、紫色和绿色等，营造出一个科技感和未来感十足的氛围。同时，还要注意色彩的协调和统一，确保整体图案的视觉效果令人满意。

4. 绘图技术与工具：在绘制光环图案时，要熟练使用 Photoshop 的各种工具，并了解其绘图、调色、特效等功能。合理利用如渐变、图层蒙版、滤镜效果等，增强图案的细节与层次，使其更加逼真和炫目。

5. 用户体验与反馈：作为设计师，要时刻关注用户的反馈。在项目进行过程中，要与用户保持密切的沟通并积极反馈，以确保绘制的光环效果符合他们的期望和需求。

设计师的故事

探秘北京 2008 申奥标志背后的艺术大师——陈绍华，太极融奥运，笔墨绘中华，扫码解锁设计传奇！

陈绍华：奥运
标志设计大师

四、项目资讯

1. 什么是位图？什么是矢量图？
2. 分辨率和图像大小有关系吗？
3. 画布大小怎么修改？图像大小和画布大小是一回事吗？
4. 纠正操作有哪些？
5. 移动工具中的对齐和分布工具有什么作用？怎么操作？
6. 利用选区的运算实现图形的绘制。

五、知识准备

本项目知识图谱如图 1.1 所示。

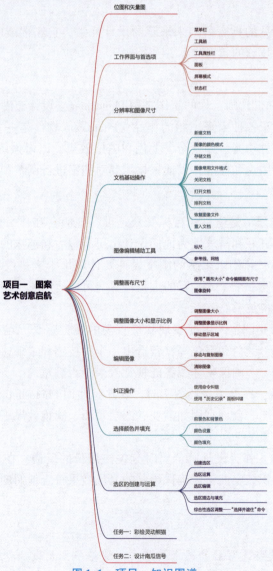

图 1.1　项目一知识图谱

视界工坊

Photoshop
功能介绍

视界工坊

Photoshop
应用领域

知识驿站

图像处理的
基本概念

1.1　位图和矢量图

计算机图形可以分为位图图像和矢量图形两大类，Photoshop 是一款位图图像处理软件。

1. 位图

位图图像也称为点阵图或栅格图像，它是由许多点组成的，这些点被称为像素。当把位图图像放大到一定程度显示时，计算机屏幕上可以看到很多方形小色块，这就是组成图像的像素。位图图像存储的是每个像素的位置和色彩信息，因此，位图图像可以精确、细腻地表达丰富的图像色彩。其文件大小和质量取决于图像中像素点的多少。图 1.2 和图 1.3 所示为位图放大前后的对比效果。

图 1.2　位图放大前　　　　　　　　　　图 1.3　位图放大后

2. 矢量图

矢量图又称为向量图或面向对象绘图，与位图构成（由像素构成）有所不同，它是由点、线、面（颜色区域）等元素构成的。

由于矢量图不是由像素构成的，并且保存图像信息的方法也与分辨率无关，所以矢量图缩放后不会影响清晰度和光滑度，图像不会产生失真效果。图 1.4 和图 1.5 所示为矢量图放大前后的对比效果。

图 1.4　矢量图放大前　　　　　　　　　图 1.5　矢量图放大后

1.2　Photoshop CC 2022 工作界面与首选项设置

启动 Photoshop CC 2022 应用程序，打开任意图像文件，可显示工作区，所有图像处理工作都是在工作区中完成的，如图 1.6 所示。

工具
属性栏

菜单栏

面板

工具箱

工作区

状态栏

图 1.6　Photoshop CC 2022 的工作界面

知识驿站

Photoshop
工作界面与
首选项设置

1.2.1　菜单栏

菜单栏是 Photoshop CC 2022 的重要组成部分，其中包括了 Photoshop 的大部分操作命令。Photoshop CC 2022 将所有的操作命令分类后，分别放置在 11 个菜单中，如图 1.7 所示。

图 1.7　Photoshop CC 2022 的菜单栏

选择其中任一菜单，就会出现一个下拉菜单，如图 1.8 所示。在下拉菜单中，如果命令

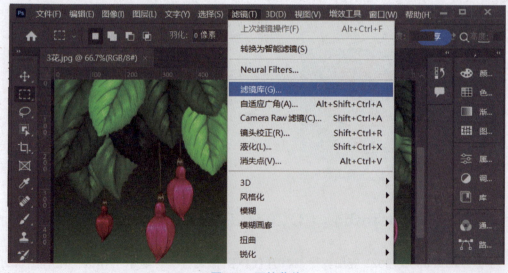

图 1.8　下拉菜单

显示为浅灰色，则表示该命令目前状态为不可执行；命令右方的字母组合代表该命令的快捷键，按下该快捷键即可快速执行该命令，使用快捷键有助于提高工作效率；若命令后面带省略号，则表示执行该命令后，将会弹出对话框。

1.2.2　工具箱

Photoshop CC 2022 的工具箱中包含了用于创建和编辑图像、页面元素等对象的过程中频繁使用的工具和按钮，单击工具箱的按钮顶部 ▶▶，可以将工具箱切换为双排显示。

要使用某工具，直接单击工具箱中的工具图标，将其激活。通过工具图标，可以快速识别工具类型，如套索工具是绳索的形状 ◯。工具箱中的许多工具并没有直接显示出来，而是以成组的形式隐藏在工具按钮右下角的小三角下，如套索工具 ◯，按下此类按钮保持 1 s 左右，或右击工具按钮，即可显示该组所有工具。此外，使用快捷键可以更快速地选择所需工具，如按快捷键 L，选择套索工具，按下快捷键 Shift + L，在这组工具之间切换。工具箱如图 1.9 所示。

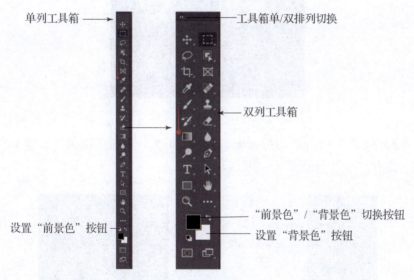

图 1.9　工具箱

动态演示型工具提示：以往版本中，当把鼠标悬停在左侧工具栏的工具上时，只会显示该工具的名称，而现在则会出现动态演示，来告诉软件使用者这个工具的用法。

1.2.3　工具属性栏

当在工具箱中选择了一个工具后，工具属性栏就会显示该工具相应的属性，以便对所选工具的参数进行设置。工具属性栏的内容随着选取工具的不同而改变，如图 1.10 所示。

图 1.10　"移动工具"属性栏

面板是 Photoshop CC 2022 工作区中非常重要的组成部分，通过面板可以完成图像处理时工具参数的设置，以及图层、路径编辑等操作。

在默认状态下，启动 Photoshop CC 2022 应用程序后，常用面板会放置在工作区的右侧面板组中。一些不常用面板，可以通过选择"窗口"菜单中的相应命令使其显示在操作窗口内，如图 1.11 所示。

图 1.11 "图层" 面板

通过选择"窗口"菜单中相应的面板名称，即可打开所需的面板，如图 1.12 所示。如果面板名称前面有"√"，则说明该面板已经打开。

图 1.12 面板的打开

要关闭面板，直接单击面板组右上角的 ✕ 按钮即可，用户也可以通过面板菜单中的"关闭"命令关闭面板，或选择"关闭选项卡组"命令关闭面板组，如图 1.13 所示。

图 1.13　面板的关闭

　　在默认设置下，每个面板组中都包含 2～3 个不同的面板，如需要将两个面板分离，只要在面板名称标签上按住鼠标左键并拖动，将其拖出面板组后，释放鼠标左键即可。若要合并面板，只要按住鼠标左键拖动面板名称标签到要合并的面板上，释放鼠标左键即可。

1.2.5　屏幕模式

　　Photoshop CC 2022 中提供了标准屏幕模式、带有菜单栏的全屏模式和全屏模式 3 种屏幕模式。可以选择"视图"→"屏幕模式"命令，或单击应用程序栏上的"屏幕模式"按钮图标，从下拉菜单中选择所需的模式即可，如图 1.14 所示。

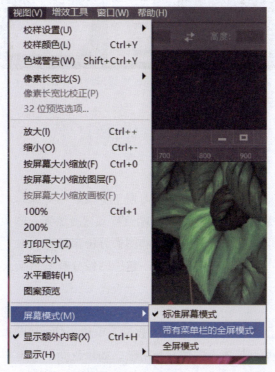

图 1.14　屏幕模式

1.2.6 状态栏

状态栏位于文档窗口的底部，用于显示当前图像的缩放比例、文件大小以及有关使用当前工具的简要说明等信息。在最左端的数值框中输入数值，然后按 Enter 键，可以改变图像窗口显示比例。另外，单击状态栏上的按钮 ，可以弹出快捷菜单，通过快捷菜单中的命令决定状态栏中显示的内容，如图 1.15 所示。

图 1.15　状态栏中显示的内容

1.3　分辨率和图像尺寸

知识驿站

图像颜色模式、分辨率和图像尺寸

1. 像素（pixel）

像素是组成位图图像的最小单位，人们习惯于将像素称为像素点或是像素块，意思是构成图像的元素。图像都是由像素组成的（高度像素×宽度像素＝图像总像素）。在 Photoshop 中，每一个像素在显示屏上的尺寸都一样，和图像分辨率没有关系。图像分辨率决定的是打印出来图片的每个像素的大小，若打印尺寸一定，图像分辨率越高，则每个像素所占据的尺寸越小，图像也越精细。

2. 分辨率

它是指每英寸位图图像所含的像素点的数量。单位用像素/英寸（pixels per inch，ppi）表示。单位长度上的像素点越多，图像就越清晰。如果改变了分辨率，比如调小了，在相同打印尺寸下，图片每像素占的尺寸就大，所以图片会模糊。不过，对高分辨率的图片来说，模糊程度是肉眼无法区别的，但是如果打印出来，差别就大了，特别是喷绘。计算机图形学中，有多种类型的分辨率。常见的分辨率有以下 3 种。

1）图像分辨率

图像分辨率是指图像中的每个单位长度上像素点的多少，常以像素/英寸为单位来表示。例如，168 ppi 表示图像中每英寸包含 168 个像素点。在尺寸相同的情况下，高分辨率图像的像素数比低分率图像多，因此文件更大。Photoshop 可以处理从高分辨（300 ppi 或更高）到低分辨率（72 ppi 或 96 ppi）的图像。

2）显示器分辨率

显示器分辨率是指计算机屏幕上显示的像素的大小。单位用像素表示。台式计算机显示器常用分辨率一般为 1 024 像素×768 像素。配置了较好的显卡和显示器的计算机，其分辨率更高。

在计算机的显卡和显示器支持高分辨率的情况下，同样大小的显示器屏幕上就会显示更多的像素。这是因为显示器的恒定大小是不会改变的，所以每个像素都随着分辨率的增大而变小，整个图形也随之变小，但是在屏幕上显示的内容却大大增加了。

3）打印分辨率

打印分辨率是指绘图仪或者打印机等输出设备，在输出图像时每英寸所产生的油墨点数。单位用点/英寸（dot per inch，dpi）表示。若使用与打印机输出分辨率成正比的图像分辨率，就能产生较好的输出效果。当然，高分辨率的打印机与高分辨率的图像结合通常能生成最好的图像质量。

3. 图像大小

图像大小是图片的尺寸。高度和宽度这两个参数决定了图像的尺寸，如图 1.16 所示。

图 1.16　图像大小设置

4. 文档大小

文档大小指的是图像占用磁盘空间的大小，文档大小是图像尺寸和分辨率决定的。尺寸相同的两个图像，分辨率越高，文档越大；分辨率相同的两个图像，尺寸越大，文档也越大。一个图像文件的像素越多，包含的图像信息就越丰富，越能表现更多的细节，图像质量也越高，但保存文件所需的磁盘空间也会越大，编辑和处理图像的速度也会越慢。

改变图像文档大小的方法除了修改图片的长与宽外，还可以修改分辨率。因为图片体积大小是跟面积和分辨率有关的，修改任何一个都可以。

在 Photoshop 中改变（比如缩小）分辨率时，图片的真实大小（面积，也就是长和宽）是不变的。但是图片缩小了。这是 Photoshop 的功能，其让每个像素在任何分辨率下的大小都是相同的。

注意：如果状态栏中没有显示文件大小，可单击状态栏中的弹出菜单箭头并选择"显示"→"文档大小"。

5. 画布大小

画布大小指的是图像背景的大小。通俗地说，画布就是画纸，图像就是画纸上的图。图像编辑的是图层的所有对象，改变图像大小，图像会按照所设置的数值变化、变形。画布大小是画纸的大小，图像大小是画纸上图的大小，如图 1.17 所示。

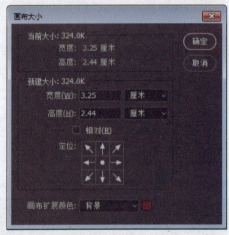

图 1.17 画布大小

知识驿站

文档我管理——
文档基础操作

1.4　文档基础操作

1.4.1　新建文档

1. 新建图像文件

操作步骤如下。

（1）选择"文件"→"新建"命令或者按 Ctrl + N 快捷键。

（2）在打开的"新建文档"对话框中，设置文件的名称、文档类型、图像宽度、图像高度、分辨率、颜色模式、背景内容、颜色配置文件、像素长宽比等选项。单击界面右上方的"保存预设"图标，保存设置。

（3）完成设置后，单击"创建"按钮，这样就新建了一个空白图像文件。

2. "预设详细信息"窗格（图1.18）

图1.18　"预设详细信息"窗格

名称：文档的名字。

宽度和高度：指定文档的大小。从弹出菜单中选择单位。

方向：指定文档的页面方向（横向或纵向）。

画板：如果希望文档中包含画板，则选择此选项。Photoshop会在创建文档时添加一个画板。

颜色模式：指定文档的颜色模式。通过更改颜色模式，可以将选定的新文档配置文件的默认内容转换为一种新颜色。

分辨率：指定位图图像中细节的精细度，以像素/英寸或像素/厘米为单位。

背景内容：指定文档的背景颜色。

高级选项：颜色配置文件（从各种选项中为文档指定颜色配置文件）。

像素长宽比：指定一帧中单个像素的宽度与高度的比例。

3. 文档类型

文档类型是Photoshop内置的一些规范的设计文档。用户可以通过这个功能快速地创建符合规范的文档，有照片、打印、图稿和插图、Web、移动以及胶片和视频等文档类型。选择了某一类型的文档后，下面的所有文档属性都会根据选择的文档类型进行变化。

1）剪贴板

Photoshop的剪贴板文档类型，就是利用Windows剪贴板里的图片内容新建文档，通过剪贴板新建的文档，宽度、高度、分辨率等属性都会和剪贴板里的图片属性一样。

2）默认 Photoshop 大小

这不是经常使用的文档类型，这个文档类型是 Photoshop 文档的示例。Photoshop 默认的高度、宽度会受到不同版本的影响。比如，英语版和中文版可能会不一样。不管是哪个 Photoshop 版本，尽管 Photoshop 默认的宽度和高度的单位可能不一样，但是比例一定都是 1.33∶1。

3）照片

照片文档类型和纸张文档类型差不多，可以通过大小属性快速创建想要的照片尺寸。

4）Web

Web 是面向网页设计师使用的文档类型，新建的 Web 规格有如下几种类型。

Web 最常见尺寸：1 366 像素 ×768 像素@ 72 ppi，大尺寸：1 920 像素 ×1 080 像素@ 72 ppi，中尺寸：1 440 像素 ×900 像素@ 72 ppi，最小尺寸：1 024 像素 ×768 像素@ 72 ppi 等，大屏幕投放可以选大网页，会议室投影仪可以选 Web 最小尺寸，如图 1.19 所示。

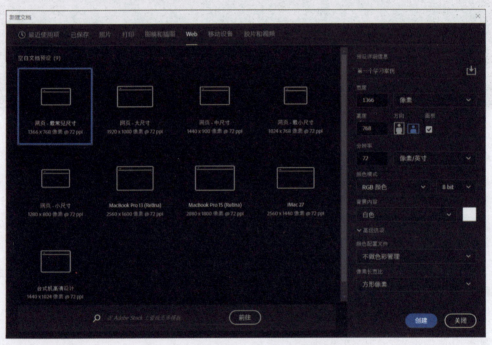

图 1.19　Web 规格

5）移动设备

在 Photoshop CC 2022 版本中，为了使用 UI 设计，添加了移动设备设计文档类型，通过这个文档类型可以快速创建符合需要的手表、手机、平板、超极本等 Photoshop 文档。

6）胶片和视频

使用 AE 和 Photoshop 的设计者可能会应用这个文档类型。当用 AE 创建一个 PAL D1/DV 的文档类型后，可以用 Photoshop 创建一个一样的 PAL D1/DV 文档样式，这样就不用去考虑 PAL D1/DV 视频的尺寸大小了。

拓展

图像的颜色模式

图像色彩模式决定显示和打印输出图像的色彩模型。所谓色彩模式，即用于表现色彩的一种数学算法，是指一幅图在计算机中显示或打印输出的方式。Photoshop 中常见的色彩模式有位图、灰度、双色调、RGB 颜色、CMYK 颜色、Lab 颜色、索引颜色、多通道及 8 位和 16 位通道模式等。图像色彩模式不同，对图像的描述和能显示的颜色数量也不同。此外，图像色彩模式不同，图像的通道数和大小也不同。

1. RGB 颜色模式

RGB 颜色模式是基于屏幕显示的模式，R 代表 Red（红色），G 代表 Green（绿色），B 代表 Blue（蓝色）。这 3 种色彩叠加形成其他颜色，因为这 3 种颜色每一种都有 256 个亮度水平级，所以彼此叠加就能形成 $256 \times 256 \times 256$ 约为 1 670 万种颜色。因为 RGB 颜色模式是由红、绿、蓝相叠加而形成的其他颜色，因此该模式也称为加色模式。图像色彩均由 RGB 数值决定。当 RGB 数值均为 0 时，为黑色；当 RGB 数值均为 255 时，为白色。

2. CMYK 颜色模式

CMYK 颜色模式是基于印刷的模式。C 代表青色，M 代表洋红，Y 代表黄色，K 代表黑色。在实际应用中，青色、洋红和黄色很难形成真正的黑色，因此引入黑色用来强化暗部色彩。在 CMYK 颜色模式中，由于光线照到不同比例的 C、M、Y、K 油墨纸上，部分光谱被吸收，反射到人眼中产生颜色，所以该模式是一种减色模式。使用 CMYK 颜色模式产生颜色的方法叫作色光减色法。

3. Lab 颜色模式

Lab 颜色模式是依据国际照明委员会（CIE）为颜色测量而定的原色标准得到的，这是一种与设备无关的颜色模式。在 Lab 模式中，L 表示亮度，其值在 $0 \sim 100$ 之间，a 表示在红色到绿色范围内变化的颜色分量，b 表示在蓝色到黄色范围内变化的颜色分量，a、b 两个分量的变化范围为 $-120 \sim 120$。当 $a = b = 0$，L 从 0 变为 100 时，表示从黑到白的一系列灰色。Lab 颜色模式所包含的颜色范围最广，能够包含所有的 RGB 颜色模式和 CMYK 颜色模式中的颜色。

1.4.2　存储文档

当完成了自己的作品后，需要将图像文件进行保存，具体操作步骤如下。

（1）选择"文件"→"存储"命令或者按快捷键 Ctrl + S。

（2）如果是第一次保存的图像文件，将打开"另存为"对话框，设置保存后的文件名、文件格式等。在此对话框中，还可以选择保存文件的格式及存储图像时保留和放弃的选项，设置好后，单击"保存"按钮即可。如果是对已保存过的文件编辑后再存储，按快捷键 Ctrl + S 直接保存，不出现"另存为"对话框。如果希望对已保存过的文件换名称或换格式保存，则可以选择"文件"→"存储为"命令或者按快捷键 Shift + Ctrl + S，将文件另存为一个新的文件名，则原文件仍然存在并且没有被覆盖，如图 1.20 所示。

图 1.20 "存储为"对话框

（3）单击"保存"按钮即可将文件保存。

图像常用文件格式

由于处理图像的软件种类很多，每种软件都具有各自的文件格式，针对不同的工作选择不同的文件格式非常重要，如图像用于彩色印刷时，图像文件要求为 TIFF 格式，而互联网中的图像文件因传输时要求容量小，所以采用高压缩比的 GIF 和 JPEG 格式。Photoshop 支持 20 多种文件格式，下面介绍几种常用的文件格式。

1. PhotoshopD/PhotoshopB 格式

PhotoshopD 格式是 Photoshop 软件默认格式，其优点是可以保存图像的每一个细节，也是唯一可以存取 Photoshop 特有的文件信息和所有色彩模式的格式。

PhotoshopB 格式是 Photoshop 中新设的一种文件格式，属于大型文件，其除了具有 PhotoshopD 格式所有属性外，最大的特点是支持宽度和高度最大达 30 万像素的文件，但 PhotoshopB 格式也有缺点，存储文件大，占用磁盘空间多，适用性较差。

2. BMP 格式

BMP 格式是 DOS 和 Windows 操作系统兼容的计算机上的标准图像格式，是 Photoshop 最常用的点阵图格式，其特点是包含图像信息比较丰富，几乎不对图像进行压缩，但文件容量大。其支持 RGB、索引、灰度和位图彩色模式，但不支持 Alpha 通道。

3. JPEG 格式

JPEG（JPG）格式是一种高压缩比、有损压缩真彩色的图像文件格式，其优点是所占磁盘空间较小，但 JPEG 格式在压缩保存过程中，以失真最小的方式丢掉一些肉眼无法分辨的图像像素，不适合放大观看。

 小提示

> 由于在存档的时候经过删除，因此，再次打开文件时，那些被删除的像素将无法被还原，这种类型的压缩文件称为有损压缩或失真压缩文件。

4. TIFF 格式

TIFF 格式是印刷行业标准的图像格式，通用性很强，几乎所有的图像处理软件及排版软件都支持这种格式。其被广泛应用于程序之间和计算机平台之间进行图像数据交换。

5. GIF 格式

GIF 格式是一种非常通用的图像格式，最多能保存 256 种颜色，并且使用 LZW 压缩方式压缩文件，文件容量较小，非常适合网络传输。GIF 格式还可以保存动画。

6. EPhotoshop 格式

EPhotoshop 格式是一种通用的行业标准格式，可以同时包含像素信息和矢量信息。除多通道模式的图像外，其他模式都可以存储为 EPhotoshop 格式，但其他模式不支持 Alpha 通道。EPhotoshop 格式可以支持剪切路径，在排版软件中可以产生镂空或蒙版效果。

1.4.3　关闭文档

同时打开多个图像文件会占用系统资源，必要时要将其关闭。选择"文件"→"关闭"命令，或单击"图像窗口"标题栏中最右边的"关闭"按钮 ✕，或按快捷键 Ctrl + W、Ctrl + F4 都能将图像文件关闭，单击"文件"→"关闭全部"或按快捷键 Alt + Ctrl + W 将关闭打开的全部图像文件。

1.4.4　置入文档

利用 Photoshop CC 2022 的置入功能可以实现与其他类型图像文件的交互。选择"文件"→"置入嵌入对象"和"置入链接的智能对象"两个命令，其中，置入嵌入对象，如同在 QQ 上传本地图片到服务器，占用服务器内存，如果嵌入进去的图在其他电脑上打开，仍然可以正常显示；置入链接的智能对象，如同在 QQ 上传图片链接地址，调用链接显示图片，不保存到服务器，如果图片不存在，则链接失效，图片显示不出来，同理，链接进去的图在这台电脑上，其他电脑上没有这个文件，就无法正常显示。

在打开的"置入嵌入对象"对话框中，用户可以选择 AI、EPS、PDF、PDP 文件格式的图像文件。然后单击"置入"按钮，即可将选择的图像文件作为智能对象导入 Photoshop CC 2022 的当前图像窗口中，在文件窗口中双击，取消智能对象的叉形标记，如图 1.21 所示。

图 1.21　图像的置入

扫描二维码获取"打开文档"知识点、"多文档排版"技巧和"图像文件恢复"技巧。

知识驿站

打开文档

知识驿站

恢复图像文件

知识驿站

排列文档

1.5　图像编辑辅助工具

知识驿站

辅助
工具的使用、
调整画布尺寸

辅助工具的主要作用是辅助图像编辑处理操作。利用辅助工具可以提高操作的精确程度，提高工作效率。在 Photoshop CC 2022 中，可以利用标尺、参考线和网格等工具来完成辅助操作。

1.5.1　标尺

标尺主要用于帮助用户对操作对象进行测量，此外，在标尺上拖动可以快速建立参考线。

显示标尺：执行"视图"→"标尺"命令或按快捷键 Ctrl + R，可以在图像窗口的顶部和左侧分别显示水平标尺和垂直标尺。

更改标尺单位：移动光标至标尺上右击，从弹出的快捷菜单中选择所需的单位，如图 1.22 所示。

调整标尺位置：系统默认标尺原点（0，0）为图像左上角，如需移动原点位置，移动

图 1.22　标尺的显示及设置

光标至标尺左上角方格内，向画布方向拖动即可。如想让标尺原点回到系统默认位置，双击界面左上角标尺交界处即可。拖动时按住 Shift 键，可以使标尺原点与标尺刻度零对齐。为了得到准确的读数，则按 100% 的显示比例显示图像。

1.5.2　参考线、网格

参考线和网格的作用都是精确地定位图像或元素。参考线显示为浮动在图像上方的一些不会打印出来的线条，可以移动和移去参考线，还可以锁定参考线，从而不会将其意外移动。

智能参考线可以帮助对齐形状、切片和选区。当绘制形状或创建选区、切片时，智能参考线会自动出现。如果有需要，可以隐藏智能参考线。

网格对排列对称像素很有用，在默认情况下，显示为不打印出来的线条，但也可以显示为点。

1. 显示或隐藏网格、参考线或智能参考线

执行下列操作之一：

● 选择 "视图"→"显示"→"网格"（Ctrl + '）。

● 选择 "视图"→"显示"→"参考线"（Ctrl + ;）。

● 选择 "视图"→"显示"→"智能参考线"。

● 选择 "视图"→"显示"→"显示额外选项"。此命令还将显示或隐藏选区边缘、图层边缘、目标路径和切片等，如图 1.23 所示。

图 1.23　"显示额外选项"对话框

2. 创建参考线

（1）如果看不到标尺，请选择"视图"→"标尺"。

（2）可以执行以下操作之一来创建参考线。

方法 1：选择"视图"→"新建参考线"命令，在打开的"新参考线"对话框中设置参考线的取向和位置后，单击"确定"按钮即可添加一条新参考线，如图 1.24 所示。

图 1.24　"新参考线"对话框

方法 2：在标尺打开的情况下，可将鼠标指针置于窗口顶端或左侧的标尺上，按住鼠标左键，当指针变成 ⇔ 形状或 ⇕ 形状时，拖动到合适的位置后释放左键，该参考线即可显示在图像窗口中，如图 1.25 所示。

图 1.25　显示参考线

方法 3：选择"视图"→"显示"→"智能参考线"命令，在一个图层中拖动的图形与另一个图层中的图形接近对齐状态时，它就会自动吸附成对齐状态，并显示智能参考线。系统自动完成图层的图形精确对正。通过智能参考线对齐图像到画布中心，如图 1.26 所示。

图 1.26　智能参考线对齐图像到画布中心

3. 移动、删除、锁定参考线

将指针放置在参考线上（指针会变为双箭头），拖曳参考线以移动它。

删除某条参考线时，只需将该参考线拖到图像窗口区域外即可。若想删除所有参考线，可通过选择"视图"→"清除参考线"命令来完成。

将参考线在图像窗口中定位好之后，若担心在编辑图像时会误操作参考线，可选择"视图"→"锁定参考线"命令将其锁定。若想对参考线进行移动，则需要再次选择"视图"→"锁定参考线"命令将其解锁。

4. 设置参考线、网格和切片

选择"编辑"→"首选项"→"参考线、网格和切片"选项，出现如图 1.27 所示的界面。

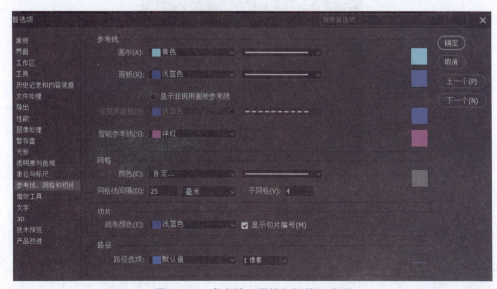

图 1.27　"参考线、网格和切片"选项

设置参考线和网格首选项如下。

颜色：为参考线或网格选择一种颜色。

样式：为参考线或网格选取一种显示样式。

网格线间隔：输入网格间距的数值。为"子网格"输入一个值，将依据该数值来细分网格。

1.6　调整画布尺寸

图像文件的大小、画布尺寸和分辨率是一组互相关联的图像属性，在图像编辑过程中，经常需要设置。

注：在"图像大小"对话框中改变文档的大小，改变后的图像和原图像相同，大小不同。而运用裁剪工具 ![裁剪工具图标] 调整，则裁剪后的图像和原图像不相同。

1.6.1　使用"画布大小"命令编辑画布尺寸

画布是指整个文档的工作区域，在处理图像时，可以根据需要调整画布的大小，选择"图像"→"画布大小"，在出现的如图 1.28 所示的对话框中实现修改。

当增加画布大小时，在图像周围需要填充颜色，增加区域的颜色可由"画布大小"对话框中的"画布扩展颜色"设置实现，可以选择前景色、背景色，或者其他颜色，当减小画布大小时，则裁剪图像（裁剪的图像由"画布大小"对话框中"定位"的 9 个小方框的位置设置实现，如选择正中间的方框，则从图像四周向中心方向裁剪），如图 1.28 所示。

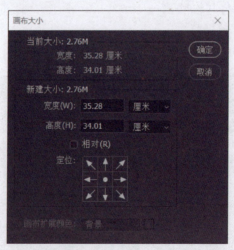

图 1.28　"画布大小"对话框

1.6.2　图像旋转

选择"图像"→"图像旋转"，如图 1.29 所示，根据需要选择旋转画布的情况，比如顺时针 90 度，逆时针 90 度、任意角度、水平翻转画布、垂直翻转画布等。

图 1.29　图像旋转

1.7　调整图像大小和显示比例

1.7.1　调整图像大小

图像大小和分辨率有着密切的关系。同样大小的图像文件，分辨率越高，图像越清晰。如果要修改现有图像文件的像素、分辨率和打印尺寸，则可以选择"图像"→"图像大小"命令，打开"图像大小"对话框，输入宽度或高度数值。由于目前宽度和高度为链接关系，输入一个数值，另一个自动改变，单击 按钮，断开链接后，可以任意修改宽度或高度值，如图 1.30 所示。

图 1.30　修改图像大小

1.7.2　调整图像显示比例

在图像编辑过程中，经常需要对编辑的图像进行放大或缩小显示比例，或移动图像、调整编辑区域，以满足操作的需要。

使用工具箱中的"缩放工具" 、"视图"菜单中的"缩放"命令、"导航器"面板和滚轮缩放可以调整画面的显示比例。

缩放工具 🔍：单击工具箱中的"缩放工具"按钮 🔍，将鼠标移到图像窗口中，当鼠标指针变成 🔍 形状时，单击可将图像放大；按住 Alt 键，当鼠标指针变成 🔍 形状时，单击可将图像缩小，如图 1.31 所示。

图 1.31　缩放工具

"视图"菜单中的缩放命令：选择"视图"→"放大"命令或者按快捷键 Ctrl + +，可以将图像放大；选择"视图"→"缩小"命令或者按快捷键 Ctrl + −，可以将图像缩小，如图 1.32 所示。

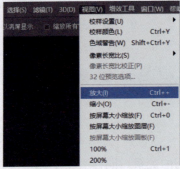

图 1.32　缩放命令菜单

"导航器"面板：在"窗口"→"导航器"面板中的显示比例数值框中输入需要放大（大于 100）/缩小（小于 100）的数值并按 Enter 键或者拖动下方的滑块，即可让图像放大/缩小显示，如图 1.33 所示。

图 1.33　"导航器"面板

状态栏的缩放比例：在状态栏最左端的数值框中输入数值，按 Enter 键也可实现缩放，如图 1.34 所示。

图 1.34　状态栏的缩放比例

👤 拓展

在 Photoshop CC 2022 中，放大比例的最大值为原文件的 3 200%，缩小比例的最小值为原文件的 0.1%。

1.7.3　移动显示区域

当图像超出图像窗口所能显示的范围时，图像窗口会显示垂直和水平滚动条，拖动滚动条可以移动图像的显示区域，但用滚动条移动不是很方便，可以用"抓手工具"  来随意移动图像。使用时按住空格键，就会出现抓手，然后按住鼠标左键拖动就可以移动图像，单击鼠标右键，选择"按屏幕大小缩放"等菜单选项，可以快速复原图像。

如图 1.35 所示，"导航器"面板中的红色矩形框内区域为当前图像窗口中显示的图像，框外区域为当前图像窗口中隐藏的图像，在红色矩形框内拖动，也可移动图像显示区域。

图 1.35　"导航器"面板

1.8　编辑图像

1.8.1　移动与复制图像

1. 移动图像

"移动工具" 用于选择、拖动图层中的图像或文字，或图层中的整个图像。可以配合一些快捷键使用，如 Alt 键，可以复制所需的图像。

在使用"移动工具"时，可以对如图 1.36 所示工具属性进行设置。

图 1.36　"移动工具"属性栏

（1）"自动选择"选项：单击窗口中的图像，图像便会被自动选中，并且在"图层"面板中，图像所在图层被选中，否则，需要先选择"图层"面板中的图层，才可以选中该图层中的图像。

（2）"显示变换控件"选项：选中该选项，选中的对象四周出现调整框，可以实现"自由变换工具"的功能。

（3）对齐方式： 分别表示"顶对齐""垂直居中对齐""底对齐"，按钮的作用是选中两个及以上图层，其中的图像按照相对位置进行顶端、垂直居中、底端对齐。 分别表示"左对齐""水平居中对齐""右对齐"。按钮的作用是选中两个及以上图层，其中的图像按照相对位置进行左端、水平居中和右端对齐。

（4）分布方式： 分别表示"按顶分布""垂直居中分布""按底分布"。分布功能允许用户均匀地分布选定的图层。用户可以选择在图层之间均匀分布垂直间距或水平间距，以确保图层之间的空间一致且等距。

（5）分布间距： 、 分别表示相对"画面"和"选区"进行"垂直分布"和"水平分布"，分布间距功能进一步扩展了分布功能的用途，它允许用户根据对象的边缘而不是中心点来分布间距。这意味着用户可以更精细地控制图层之间的具体排列方式，无论是基于对象的顶部、底部、左侧或右侧的边缘进行分布。

2. 复制图像

使用"复制"与"粘贴"命令来复制选区内的图像；将图像移到其他图像窗口中也属于复制图像的一种方法。利用"图层"面板也可以复制图像，在后面的项目中将具体介绍。

案例：一寸照片排版

（1）用 Photoshop 打开准备好的图片，选取"裁切工具"，在裁切工具选项栏中输入固定宽度 2.5 cm、高度 3.5 cm（一寸照片的尺寸），如图 1.37 所示。

图 1.37　素材照片

（2）仅仅一张是不够的，为了降低成本，通常设置一版多张，比如一般 5 寸相纸可以排下 10 张这样的 1 寸照片。在新生成的单张标准照激活的情况下，单击菜单"选择"→"全选"→"编辑"→"拷贝"或按快捷键 Ctrl + C。把标准照复制在剪贴板上以备后用。

（3）新建图像文件，指定要用的纸张大小，如 5 寸像纸（8.9 cm × 12.7 cm），300 dpi，RGB 模式。

（4）选择"编辑"→"拷贝"或按快捷键 Ctrl + V，将上一步放在剪贴板上的图像多次粘贴到新建的图像中，每粘贴一次，会产生一个新的图层，共生成 10 个图层，如图 1.38 所示。

视界工坊

排版一寸照片

图 1.38　"图层"面板

（5）拖动图层 1 的照片放到画布的左端，拖动图层 5 的照片放到画布的右端，如图 1.39 所示。

（6）按住 Shift 键，单击图层 1 到图层 5，选中 5 个图层，单击"移动工具"属性栏中的"底对齐"按钮▐▌和"水平居中分布"按钮▐▌，让5个图层中的照片靠底部水平平均排列，如图1.40所示。

图 1.39　效果 1

图 1.40　效果 2

（7）拖动图层6的照片放到画布的左端，拖动图层10的照片放到画布的右端，按住Shift键，单击图层6到图层10，选中5个图层，单击"移动工具"属性栏中的"顶对齐"按钮▐▌和"水平居中分布"按钮▐▌，让5个图层中的照片靠顶部水平平均排列，如图1.41所示。

图 1.41　最终效果

（8）单击菜单"图层"→"合并可见图层"，这样就在一张5寸相纸上排好了多张1寸的照片。

1.8.2　清除图像

通过删除操作可以快速删除图像中不需要的部分，从而减小文件大小，提高工作效率。图像的删除包括以下两种情况。

方法1：选取需要删除的图像，然后选择"编辑"→"剪切"命令，可以将图像删除并且存入剪贴板中。

方法2：选取需要删除的图像，再选择"编辑"→"清除"命令或者按Delete键，可清除选区中的图像，清除后按快捷键Ctrl+D取消选区。

1.9　纠正操作

在对图像进行编辑处理的过程中，难免会执行一些错误操作，如果某一步操作不当，可以通过快捷键、菜单命令或者"历史记录"面板进行还原和重做操作。

1.9.1　使用命令纠错

若想撤销单步或多步操作，从而使图像回到之前的编辑状态，可利用"编辑"菜单或菜单后面标明的快捷键来完成。

方法 1：选择"编辑"→"后退一步"命令，或按快捷键 Alt + Ctrl + Z，可取消前一步的操作。执行该菜单或命令多次，可以向前取消多次操作，如图 1.42 所示。

方法 2：还原后还可以通过选择"编辑"→"前进一步"命令，或按快捷键 Shift + Ctrl + Z 恢复一步操作。执行该菜单或命令多次，可以向后恢复多次操作。按快捷键 Ctrl + Z 只能取消或恢复一次操作。

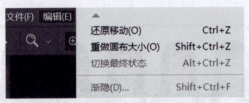

图 1.42　"后退一步"命令

1.9.2　使用"历史记录"面板纠错

在图像处理的过程中，通过按快捷键 Ctrl + Z 撤销对图像的操作仅限于一步一步操作或固定的某个状态。如果要精确地恢复到指定的某一步操作，则使用"历史记录"面板来实现更为方便。

选择"窗口"→"历史记录"命令，打开"历史记录"面板。当用户打开一个文件并对该文件进行编辑后，"历史记录"面板会自动将用户的每一步操作记录下来，如图 1.43 所示。

图 1.43　"历史记录"面板

"历史记录"面板下方各按钮的含义如下。

（1）"从当前状态创建新文档"按钮 ⬚。单击该按钮，可以就当前操作的图像状态创建一幅新的图像文件（原图像的副本）。

（2）"创建新快照"按钮 ⬚。单击该按钮，可以创建一个新快照。

（3）"删除当前状态"按钮 ⬚。选取任意一步的历史记录，再单击该按钮，在打开的提示对话框中单击"是"按钮，可以删除该历史记录。

拓展

"快照"是 Photoshop 的一种功能，利用"快照"命令，可以创建图像的任何状态的临时拷贝（快照），将新快照添加到历史记录面板顶部的快照列表中，选择一个快照，下面的操作就可以从图像的这个拷贝开始。

1.10　选择颜色并填充

知识驿站

变色，我很牛
——颜色的
选取和填充

在 Photoshop 中，前景色和背景色显示于工具箱中，如果需要重新设置前景色和背景色，则可以通过"拾色器"对话框、"颜色"面板、"色板"面板或"吸管工具"来设置。

1.10.1　前景色和背景色

前景色决定了使用绘画工具绘制图形，以及使用文字工具创建文字时的颜色；背景色决定了使用橡皮擦工具 ⬚ 擦除图像时，擦除区域呈现的颜色（非背景图层擦除后的区域为透明的），以及增加背景图层的画布大小时，新增画布的颜色（非背景图层新增区域画布为透明）。工具箱中设置前景色或者背景色的按钮如图 1.44 所示。

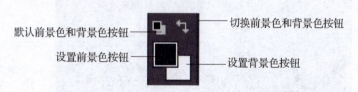

图 1.44　工具箱中设置前景色或背景色的按钮

1.10.2　颜色设置

1. 使用"颜色"面板设置颜色

"颜色"面板显示了前景色和背景色的颜色值。使用"颜色"面板中的滑块编辑前景色和背景色。也可以从显示在面板底部的四色曲线图的色谱中选取前景色或背景色，如图 1.45 所示。

2. 使用"色板"面板设置颜色

使用"色板"面板设置颜色的具体操作步骤如下：

（1）在 Photoshop 窗口右侧的面板组中打开"色板"面板，如图 1.46 所示。

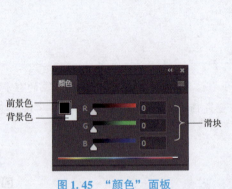

图 1.45 "颜色"面板   图 1.46 "色板"面板

（2）将鼠标指针移至"色板"面板的颜色块（又称色板）区域时，鼠标指针变成 形状，单击所需颜色块即可设置前景色或按 Alt 键，单击颜色设置背景色。

3. "拾色器"对话框

利用"拾色器"设置颜色的具体操作步骤如下：

（1）单击工具箱中的前景色或背景色按钮。

（2）弹出前景色或背景色的"拾色器"对话框，如图 1.47 所示。

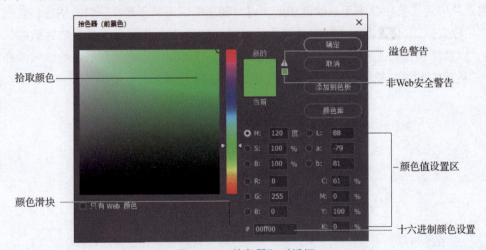

图 1.47 "拾色器"对话框

（3）选取颜色。首先调节颜色滑杆上的滑块至某种颜色，左侧主颜色框将会显示与该颜色相近的颜色；然后将鼠标指针移至主颜色框中，在需要的颜色位置上单击，会在右侧"新的"颜色预览框中预览到新选取的颜色，可以和下面的"当前"颜色预览框中的颜色进行对比；选取完毕后，单击"确定"按钮保存设置。

小技巧

在"拾色器"对话框中，若要精确设置颜色，可直接在对话框右侧的"颜色值设置区"中输入某一颜色模式的值，或在底部的颜色数值框中输入颜色数值（十六进制表示）来实现。

前景色用于显示当前绘图工具的颜色，背景色用于显示图像的底色。在 Photoshop 中，当前的前景色和背景色显示于工具箱中，如果需要重新设置前景色和背景色，可以通过"拾色器"对话框、"颜色"面板、"色板"面板和"吸管工具"等对图片进行前景色和背景色的设置。

4. 吸管工具

Photoshop CC 版以后已经把吸管工具隐藏了，如果习惯使用吸管工具（吸管工具快捷键"I"），需要单击工具箱放大镜下面的编辑工具 ，选择吸管工具。

吸管工具 可吸取图像中的任意一种颜色，使其成为当前图像的前景色或者背景色。

吸取前景色时，用"吸管工具" 在图像中的某个位置上单击，即可将该位置上的颜色设置为前景色。

吸取背景色时，需按住 Alt 键的同时，用吸管工具 在图像中的某个位置上单击。此外，若在按住 Alt 键的同时，按住鼠标左键在图像上的任意位置拖动，工具箱中的背景色选区框会随着鼠标划过的图像颜色动态地变化；释放鼠标左键后，即可拾取新的背景色。

在吸管工具属性栏的"取样大小"下拉列表中选择取样大小，吸取颜色为单击点（取样大小）选区的区域内颜色的平均色，如图 1.48 所示。

图 1.48　取样大小

1.10.3　颜色填充

对图片进行操作时，常常会需要用 PS 填充颜色，下面介绍如何填充颜色。

（1）快捷键。填充前景色的快捷键为 Alt + Delete，填充背景色的快捷键为 Ctrl + Delete。

（2）"填充"菜单。选择"编辑"→"填充"，在弹出的对话框中可以选择前景色、背景色、颜色等，如图 1.49 所示。

（3）使用工具面板的油漆桶工具 。选择所需的颜色，在要填充的区域单击即可填充前景色。

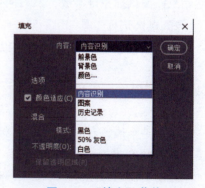

图 1.49　"填充"菜单

视界工坊

笑脸气球绘制

1.11 选区的创建与运算

1.11.1 创建选区

1. 使用选框工具创建

选框工具用于建立简单的几何形状选区。Photoshop 提供了 4 种选框工具，包括"矩形选框工具" ▣ 、"椭圆选框工具" ◯ 、"单行选框工具" ▭ 和"单列选框工具" ▯ ，分别用于创建矩形、椭圆、单行和单列选框。选框工具如图 1.50 所示。

图 1.50 选框工具

1）矩形选框工具

"矩形选框工具" ▣ 在选区工具中较为常用。使用"矩形选框工具" ▣ 创建选区，在起始点按住鼠标左键不放，然后向任意方向拖动就可以创建矩形选区。

2）椭圆选框工具

利用"椭圆选框工具" ◯ 可以在图像中创建椭圆形或正圆形选区。

 小提示

对单个选区而言，当需要创建正方形或者圆形选区时，只需在选定工具后按住 Shift 键的同时拖动鼠标即可。按住快捷键 Shift + Alt，则以鼠标的起始点为圆心或正方形的中心绘制圆或正方形。对多个选区而言，按 Shift 键是选区相加，按 Alt 键是选区相减，按快捷键 Shift + Alt 是选区相交。这三个快捷键对"套索工具"和"魔棒工具"都适用。

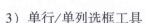

3）单行/单列选框工具

在选框工具的右键菜单中，选择"单行选框工具"命令 ▇ 或"单列选框工具"命令 ▇，在图像上单击，可以建立一个只有 1 像素高的水平选区或 1 像素宽的垂直选区，单行/单列选框工具常用来制作网格。

"选框工具"的属性栏如图 1.51 所示。以"矩形选框工具"属性栏说明各参数的含义。

图 1.51　"选框工具"的属性栏

- 羽化：此选框用于设置选区的羽化属性。羽化选区可以模糊选区边缘的像素，产生过渡效果。羽化宽度值越大，则选区的边缘越模糊，选区的直角部分也将变得圆滑，这种模糊会使选定范围边缘上的一些细节丢失。在"羽化"后面的文本框中可以输入羽化数值，设置选区的羽化功能。

- 消除锯齿：勾选此复选框后，选区边缘的锯齿将消除，此选项在椭圆选区工具中才能使用。

- 样式：Photoshop 的选项用于设置选区的形状，单击右侧的三角按钮，打开下拉列表框，可以选取不同的样式，其中，"正常"选项表示可以创建不同大小和形状的选区；选定"固定比例"选项可以设置选区宽度和高度之间的比例，并可在其右侧的"宽度"和"高度"文本框中输入具体的数值；若选择"固定大小"选项，表示将锁定选区的长宽比例及选区大小，并可在右侧的文本框中输入一个数值。

"样式"下拉列表框仅当选择矩形和椭圆形选框工具后可以使用。

 小提示

　　Photoshop 上下文提示功能，如图 1.52 所示，在绘制或调整选区或路径等矢量对象，以及调整画笔的大小、硬度、不透明度时，将显示相应的提示信息。是否需要显示该提示信息，可以通过"编辑"→"首选项"→"工具"的选项设置，选择"总不"可取消提示，如图 1.53 所示。

图 1.52　上下文提示功能

图 1.53　上下文提示功能设置

2. 使用套索工具创建

使用套索工具可以绘制出不规则的选区。套索工具组包括"套索工具" ▢、"多边形套索工具" ▢ 和"磁性套索工具" ▢，如图 1.54 所示。

图 1.54　套索工具组

1）套索工具、多边形套索工具

● "套索工具" ⊙：用于创建自由形状的选区。将鼠标指针移至图像窗口，鼠标指针将变成⊙形状，按住鼠标左键不放，沿着要选取的图像边缘拖动即可，如图 1.55 所示。

● "多边形套索工具" ⊠：用于建立规则的多边形选区，一般用于选择一些较复杂的，棱角分明，边缘呈直线的选区。将鼠标指针移至图像窗口，鼠标指针变成⊠形状，按住鼠标左键，然后沿着需要选取的图像边缘移动鼠标，每当遇到转折点时单击。当鼠标指针移至起始点时，指针变为⊠形状，单击即可闭合选取区域，完成对图像的精确抠取（无论拖出的是一条非闭合曲线还是闭合曲线，松开鼠标左键后双击左键都可以创建一个闭合选区），如图 1.56 所示。

图 1.55　套索工具创建选区示例

图 1.56　多边形套索工具创建选区示例

　小提示

　　用"多边形套索工具"选取图像时，按住 Shift 键可以水平、垂直或者 45°方向选取线段；在没结束选取前按 Delete 键可以删除最近选取的一条线段。结束选取后，如果在背景图层下按 Delete 键删除选区内容，自动弹出"填充"对话框，可以通过选择填充内容来实现选区内容的替换。如果是普通图层，删除选区图像。

　小提示

　　使用任意一种套索工具时，如果想退回前一步，可以按 Backspace（退格）键。

2）磁性套索工具

"磁性套索工具" ⊠ 常用于图像与背景反差较大、形状较复杂的图像选取。该工具能自动捕捉复杂图形的边缘，自动紧贴图像对比最强烈的地方，像磁铁一样具有吸附功能，当经过对比度不强的图像区域时，可单击添加落点，当鼠标指针返回到起始点时，鼠标指针改变为 ⊠ 形状，单击闭合选取区域，完成对图像的精确抠取。如果鼠标指针没有返回到超始点，想创建一个闭合区域，则双击，系统自动把起始点和双击处连接成封闭区域。按 Delete 键或 Backspace 键删除最近一条线段，按 Esc 键取消已有选区。磁性套索工具创建选区示例如图 1.57 所示。

图 1.57　磁性套索工具创建选区示例

磁性套索工具属性栏如图 1.58 所示。各参数说明如下。

图 1.58　磁性套索工具属性栏

● 羽化：此选框用于设置选区的羽化属性。羽化选区可以模糊选区边缘的像素，产生过渡效果。羽化宽度越大，则选区的边缘越模糊，选区的直角部分也将变得圆滑，这种模糊会使选定范围边缘上的一些细节丢失。在羽化后面的文本框中可以输入羽化数值来设置选区的羽化效果（取值范围是 0~250 px）。

● 消除锯齿：勾选此复选框后，选区边缘的锯齿将消除。

● 宽度：此选项指进行磁性套索时，它所捕捉的范围的大小，单位为像素。比如，当输入数字 10，那么磁性套索工具只会寻找 10 个像素距离之内的物体边缘。数字越大，表示寻找的范围越大，所以，对于大边界的物体，可以把值调大；对于多轮廓的物体，可以把值调小。

● 对比度：此选项用于指定索套对图像边缘定位的灵敏度，可根据对象边缘清晰度设置，如果边缘非常鲜明，可以把值调高；反之，如果相对模糊，就把值调小（例如，一个 RGB（23，45，88）的图在 RGB（23，45，92）背景图片中，要选取前者，要将对比度设得更小，它才能识别，否则，锚点就会乱跑）。如果图片的内容好选中，可将宽度值设大，对比度值设大。

● 频率：此选项用于设置套索创建节点的频率（速度），套索上节点出现的频率越大，则节点越多。适用于一些精细的抠图。

● ：此工具允许用户通过调整绘图板的压力来控制钢笔工具的宽度。具体来说，当用户在使用绘图板进行绘画或编辑时，通过增加或减小笔触的压力，来改变钢笔工具绘制的线条或形状的宽度。

3. 使用魔棒工具

1）魔棒工具

"魔棒工具" 是依据图像颜色进行选取的工具，可以选取颜色相同或相近的图像区域。选取时，只需在颜色相近的区域单击即可。

魔棒工具属性栏如图 1.59 所示。

图 1.59　魔棒工具属性栏

各参数说明如下。

● 取样大小：工具取样的最大像素数目。默认为取样点。还可以选择 3×3 平均、5×5 平均、11×11 平均、31×31 平均、51×51 平均、101×101 平均等。比如 3×3 平均，就是 3 个像素乘 3 个像素那么大。

● 容差："容差"是影响 Photoshop 魔棒工具性能的重要选项，用于控制色彩的范围，数值越大，可选的颜色范围就越广。其用于设置选取的颜色范围的大小，参数设置范围为 0～255。输入的数值越高，选取的颜色范围越大；输入的数值越低，选取的颜色与单击鼠标处图像的颜色越接近，范围也就越小。将容差值分别设置为较大值和较小值，选区效果对比如图 1.60～图 1.62 所示。

● 清除锯齿：用于消除选区 Photoshop 边缘的锯齿。

● 连续：选中该复选框，可以只选取相邻的图像区域；未选中该复选框时，可将不相邻的区域也添加入选区。勾选"连续"复选框和没有勾选"连续"复选框获取选区后的对比：选中"连续"复选框，单击图像和单击处不连接的地方没有被选中；取消选择"连续"复选框，单击图像和单击处不连接的地方也被选中。

● 对所有图层取样：当图像中含有多个图层时，选中该复选框，将对所有可见图层的图像起作用；没有选中时，Photoshop 魔棒工具只对当前图层起作用。

图 1.60　容差值为 10 时的连续选区

图 1.61　容差值为 70 时的连续选区

图 1.62　容差值为 70 时的不连续选区

小提示

使用"魔棒工具" ✨ 时，根据单击图像中的位置不同，会得到不同的选取结果。另外，在原有选区的基础上，还可按住 Shift 键，使用"魔棒工具"多次在图像中单击来扩大选取范围；按 Alt 键缩小选取范围。如果要取消当前的选取范围，则可选择"选择"→"取消选择"命令，或者按快捷键 Ctrl + D。

拓展

在"选择"菜单中有"扩大选取"命令和"选取相似"命令，它们是用来扩大选择范围的，并且和"魔棒工具"一样，都是根据像素的颜色近似程度来增加选择范围。选择范围是由"容差"选项来控制的，容差值在"魔棒工具"的属性栏中设定。

2）快速选择工具

快速选择工具 ✨ 类似于笔刷，并且能够调整圆形笔尖大小来绘制选区。在图像中单击并拖动鼠标即可绘制选区。这是一种基于色彩差别但却是用画笔智能查找主体边缘的新颖方法。

快速选择工具属性栏如图 1.63 所示。

图 1.63　快速选择工具属性栏

各参数说明如下。

• 选区方式： 三个按钮从左到右分别是新选区、添加到选区、从选区减去。

没有选区时，默认的选择方式是新建选区；选区建立后，自动改为添加到选区；如果按住 Alt 键，选择方式变为从选区减去。

• 画笔： 初选离边缘较远的较大区域时，画笔尺寸可以大些，以提高选取的效率；但对于小块的主体或修正边缘时，则要换成小尺寸的画笔。总体来说，大画笔选择快，但选择粗糙，容易多选；小画笔一次只能选择一小块主体，选择慢，但得到的选区边缘精度高。

更改画笔大小的简单方法：在建立选区后，按] 键可增大快速选择工具画笔的大小，按 [键可减小画笔大小。

• 增强边缘：勾选此项后，可减少选区边界的粗糙度和块效应。即"自动增强"使选区向主体边缘进一步流动并做一些边缘调整。一般应勾选此项。

快速选择工具创建选区示例如图 1.64 所示。

图 1.64　快速选择工具
创建选区示例

选区运算

在选取图像的过程中，经常需要在原有选区的基础上增加或减少选区，或者恰好需要选中两个选区的交叉部分。当选中某个选框工具后，在其工具属性栏中有选区运算按钮，如图 1.65 所示。

图 1.65　选区运算按钮

（1）"新选区"按钮▣。如果图像中已有选区，在图像中单击可以取消选区，直接新建选区，这是 Photoshop 默认的选择方式。

（2）"添加到选区"按钮▣。在原有选区的基础上，增加新的选区。按住 Shift 键也可以添加选区。

（3）"从选区中减去"按钮▣。在原有选区中，减去与新的选区相交的部分。如果新绘制的选区范围包含了已有选区，则图像中无选区；按住 Alt 键也可以从选区中减去。

（4）"与选区交叉"按钮▣。使原有选区和新建选区相交的部分成为最终的选择范围，如果新绘制的选区与已有选区无相交，则图像中无选区。

1. 添加选区

首先启动 Photoshop CC 2022，打开素材，在图中创建一个矩形选区；然后单击"矩形选框工具"属性栏上的"添加到选区"按钮▣；将鼠标指针移至图像窗口区域内，在图像窗口中再拖出一个选区，如图 1.66 所示。

图 1.66　添加选区

2. 删减选区

如果要在当前选区中减去一部分选区，可在原有选区的基础上，单击"从选区减去"按钮▣；然后将鼠标指针移至图像窗口区域内，再在原有选区上拖出一个选区，即可减去一部分选区范围，如图 1.67 和图 1.68 所示。

3. 选区的相交

如果只想选取两个选区中的交叉部分，可进行如下操作。

图 1.67　在图 1.66 所示矩形选区基础上减去选区

图 1.68　从选区减去后的区域

（1）在图 1.68 所示选区基础上，单击"与选区交叉"按钮 ，再在画面中拖出一个与原选区交叉的新选区，如图 1.69 所示。

图 1.69　交叉选区

（2）将只留下两个选区的交叉部分，最终选区如图 1.70 所示。

图 1.70　最终选区

1.11.3 选区编辑

选区和图像一样，可以移动、翻转、缩放和旋转，调整其位置和形状，得到需要的选区。

1. 选取选区

全选图像：选择"选择"→"全选"命令，或按快捷键 Ctrl + A，可以选择整幅图像或得到整幅图像选区。

反向选取：选区的反选，就是将当前图层中的选取区域和非选取区域进行互换。选择"选择"→"反向"命令，或按快捷键 Shift + Ctrl + I 实现。

取消选区：当不需要选区时，可以将其取消，选择"选择"→"取消选择"命令，或按快捷键 Ctrl + D 实现。

重选选区：使用"重新选择"命令可以载入/恢复之前的选区，选择"选择"→"重新选择"命令，或按快捷键 Shift + Ctrl + D 实现。

2. 移动选区

为了改变选区位置，需要移动选区，首先在工具栏中选择"移动工具" ▶ （或"魔棒工具" ✦ 等选区工具），然后移动光标至选区内，拖动即可。

 小技巧

> 当需要对选区精确微调时，按方向键（↑、→、↓、←）可每次以 1 像素为单位移动选区，按住 Shift 键的同时再按方向键，则每次以 10 像素为单位移动选区。

3. 变换选区

创建选区后（注：小猫的选区用快速选择工具选取，用 ✦ 减去多余部分），选择"选择"→"变换选区"命令，选区的四周出现带有 8 个控制点的选区变换框，移动光标于框线上，拖动鼠标可以调整、缩放选区；移动光标于控制框外，可以旋转控制框，使选区变形，如图 1.71 所示。右击，在弹出的快捷菜单中选择不同的命令可以对选区进行相应的变换，如图 1.72 所示。

（1）"缩放"命令。选择此命令可以调整选区中的图像大小，若按住 Shift 键的同时拖动鼠标，可以按固定比例缩放选区中图像的大小。

（2）"旋转"命令。选择此命令可以对选区进行旋转变换。

（3）"斜切"命令。选择此命令可以使选区倾斜变换。

（4）"扭曲"命令。选择此命令可以任意拖动各节点对选区进行扭曲变换。

（5）"透视"命令。选择此命令可以拖动变换框上的节点，将选区变换成等腰梯形或等腰三角形等形状。

（6）"变形"命令。选择此命令只能对选区的一个顶角进行变形。

图 1.71 "变换选区"快捷菜单

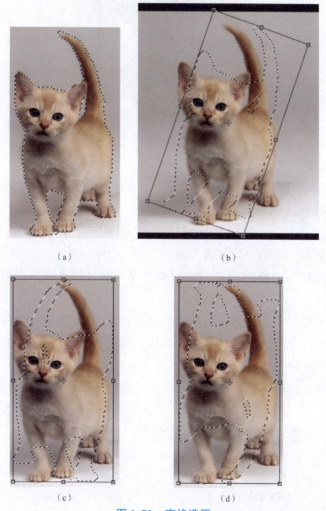

（a）　　　　　　　　　　　（b）

（c）　　　　　　　　　　　（d）

图 1.72 变换选区

（a）原选区；（b）旋转后的选区；（c）水平翻转的选区；（d）垂直翻转的选区

4. 变换选区图像

变换选区图像是指对已创建的选区及选区内的图像进行移动、调整大小和变形等操作。

选择"编辑"→"自由变换"命令（快捷键为 Ctrl + T），此时选区周围会出现一个变换框，将鼠标指针移至任意一角上，当鼠标指针变成 ↖ 形状时，拖动鼠标即可等比例缩放图像，按住 Shift 键 + 拖动鼠标即可实现不等比例缩放图像，其他变形操作同"变换选区"操作，如图 1.73 所示。

图 1.73　创建自由变换图像选区

5. 修改选区

"选择"菜单下的"修改"菜单提供的几个命令可以实现对选区扩展、收缩、边界、平滑和羽化操作，如图 1.74 所示。

扩展：创建选区后，选择"选择"→"修改"→"扩展"命令可使选区的边缘向外扩大一定的范围（由"扩展量"参数决定扩展范围）。

收缩：选择"选择"→"修改"→"收缩"命令可将选区的范围向内缩小（由"收缩量"参数决定缩小范围）。

平滑：使用"平滑"命令可为选区的边缘消除锯齿，选择"选择"→"修改"→"平滑"命令，弹出"平滑选区"对话框。在"取样半径"数值框中输入 1～100 的整数，可以使原选区范围变得连续而光滑。

边界：指将原选区的边缘扩张一定的宽度。一般用于描绘图像轮廓的宽度，如图 1.74 所示。

图 1.74　"修改"菜单

羽化：通过扩展选区轮廓周围像素区域，达到柔和边缘效果。

 小提示

"扩展"命令与"边界"命令的不同之处是，"边界"命令是针对选区的边缘进行一个封闭的区域扩展，而"扩展"命令是将创建的整个选区向外扩展。

命令效果分别如图 1.75 ~ 图 1.80 所示。

图 1.75　创建选区

图 1.76　扩展量为 10 像素的选区

图 1.77　收缩量为 10 像素的选区

图 1.78　取样半径为 50 像素的平滑选区

图 1.79　宽度为 20 像素的边界选区　　　　图 1.80　羽化半径为 50 像素的平滑选区

6. 存储选区和载入选区

1）存储选区

　　通过"存储选区"命令保存复杂的图像选区，以便在编辑过程中再次使用。当创建选区后，选择"选择"→"存储选区"命令，或在选区上右键单击鼠标，从弹出的快捷菜单中选择"存储选区"命令，给选区命名保存，如图 1.81 所示。选区保存在"通道"面板中，如图 1.82 所示。

图 1.81　"存储选区"对话框　　　　　　图 1.82　选区保存在"通道"面板

2）载入选区

　　载入选区和存储选区操作正好相反，通过"载入选区"命令，可以将保存在 Alpha 通道中的选区载入图像窗口。选择"选择"→"载入选区"命令，打开"载入选区"对话框，选择要载入的选区名称。

　　"载入选区"对话框与"存储选区"对话框中的参数选项基本一致，只是多了"反相"

复选框。如果选中此项，则会将 Alpha 通道中的选区反选并载入图像文件中。"载入选区"
对话框如图 1.83 所示。

图 1.83　"载入选区"对话框

拓展

通道是图像文件的一种颜色数据信息存储形式，它与图像文件的颜色模式
密切关联，多个分色通道叠加在一起，可以组成一幅具有颜色层次的图像。通
道还可以用来存放选区和蒙版，帮助用户完成更复杂的操作。通道分为：①颜
色通道：用于保存颜色信息的通道。②Alpha 通道：用于存放选区信息的通
道。③专色通道：指定用于专色油墨印刷的附加面板。

扫码探秘图像通道，解锁色彩与选区奥秘，专业图像处理技能轻松 get！

视界工坊

丰收的田野
（通道）

1.11.4　选区描边与填充

创建了选区后，可以对选区进行描边与填充。

1. 选区描边

选区的描边是指用前景色沿着创建的选区描绘边缘。选择"编辑"→"描边"命令，打
开"描边"对话框，如图 1.84 所示。

图 1.84　"描边"对话框

设置"宽度"选项值为 10。在"颜色"选项中选择描边的颜色 RGB（2，148，250）。
"位置"选项选择"居中"，以选区边框为中心进行描边。图 1.85 所示为对小猫进行选取，
在新建的图层上对选区进行"描边"的效果。

图 1.85 "描边"效果

2. 选区填充

（1）使用快捷键填充。设置好前景色或背景色后，按快捷键 Alt + Delete 可将选区填充为前景色，按快捷键 Ctrl + Delete 可将选区填充为背景色。

（2）用"填充"命令填充。使用"填充"命令可以在指定的选区内填充颜色、图案或历史记录等内容。选择"编辑"→"填充"命令，打开"填充"对话框，图案填充效果如图1.86所示。

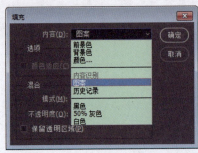

图 1.86 "填充"对话框及图案填充效果

1.11.5 综合性选区调整——"选择并遮住"命令

Photoshop 中的"选择并遮住"功能比之前的"调整边缘"强大了很多，现在这个工具做了极大的增强，不再要求先做好选区，可以在这个工具中进行选取、调整、修改。这样做的好处是，如果在开始做了选区，进入调整边缘工具后想进行大的调整是不可能实现的，而现在直接在工具里制作和调整选区，方便了很多，并且算法进行优化后，选区精确了很多。当然，也可以按以前的习惯，做好选区后，再进入工具进行修改。

选择"选择"→"选择并遮住"，或按快捷键 Alt + Ctrl + R，还可在选中任何一个选择工具后，单击工具栏中的"选择并遮住"按钮打开"选择并遮住"属性栏，如图1.87所示。

⊕：添加进选区。

⊖：从选区中消去。

大小: 21：调整笔尖大小。

：快速选择工具。

：套索工具。

图1.87　"选择并遮住"属性栏

 ：调整边缘画笔工具。选择更加准确和快速，配合加减号能很容易地抠出边缘毛发。

 ：画笔工具：在这里可以叫作绘制选区画笔，因为它并不能选择颜色，而是用来精确绘制选区，在黑白视图模式下，画出黑白两色代表选中或不选中，与通道及蒙版一样，加号时绘制白色，代表选中的区域，按住 Alt 键或选中减号时绘制黑色，表示没有选区。

"选择并遮住"的"属性"面板如图1.88所示，选择合适的视图和蒙版颜色，配合不透明度能十分直观地观察选区的情况。

图1.88　"选择并遮住"的"属性"面板

（1）打开图 1.89 所示的素材文件，选择"选择"→"选择并遮住"。

（2）在打开的"属性"面板中，将"视图"改为"叠加"，这样更直观。用"属性"面板左边的快速选择工具  涂出宠物的主体，如果选多了，可以单击 按钮从选区中减去，或按住 Alt 键再涂多出来的地方实现减去，如图 1.90 所示。

图 1.89　素材文件

图 1.90　快速选择工具涂出主体

（3）用调整边缘画笔工具沿着主体边缘涂抹，软件会自动识别，能很准确地选出毛发。注意，画笔的十字点尽量不要涂抹到毛发主体（对于不能涂抹的地方，直接用画笔的十字点在头发的空隙处单击）。完成后，用黑白模式观察和调整（快捷键 K），如图 1.91 和图 1.92 所示。

图 1.91　调整边缘画笔工具涂抹毛发边缘

图 1.92　黑白模式

（4）选择"属性"面板上的"画笔工具" 精确调整选区，把主体上黑色和毛发外面的白色涂掉。注意，画笔硬度改为 0，放大视图慢慢涂，按 X 键切换显示原图和黑白视图，对照着做。

（5）调整"属性"面板上的参数，适当平滑和羽化使边缘不要过于生硬。需要注意，抠毛发时，羽化一定不要太大，0.5 以下就可以了；对比度可以调大点，使发丝更明显。"移动边缘"可以去掉杂边。勾选"净化颜色"，可以减少发丝和其他边缘处的其他颜色。"输出到"选择"新建带有图层蒙版的图层"，因为这样就可以在完成后继续使用"选择并遮住"，如图 1.93 所示。

视界工坊

戏曲古筝
（图层蒙版）

（6）按 Enter 键确认。

（7）添加个背景色看看，如果不满意，可以在蒙版上双击，或右击，选择"选择并遮住"继续调整，如图 1.94 所示。

图 1.93　调整属性面板上的参数

图 1.94　调整后效果图

视界工坊

绘制熊猫贺卡

六、项目实施

任务一：彩绘灵动熊猫

（1）双击打开 Adobe Photoshop，单击"新建"（快捷键 Ctrl + N），弹出"新建"对话框，设置名称：熊猫贺卡，宽 600 mm，高 800 mm，分辨率 300 像素/英寸，颜色模式为 RGB 颜色、8 bit，背景颜色为白色。设置完毕后，单击"创建"按钮，如图 1.95 所示。

（2）在图层控制面板上单击"新建图层"按钮 ，新建图层，单击工具栏中的渐变工具 ，在工具选项栏中设置为径向渐变，然后单击"可编辑渐变"，弹出"渐变编辑器"对话框。设置色彩 RGB（139，215，83），再设置色彩 RGB（140，243，247），单击"确定"按钮，按 Shift 键从下向上进行绘制，如图 1.96 和图 1.97 所示。

（3）在工具栏中单击圆形工具 ，单击画面，创建一个直径为 5 048 像素的白色无边圆，置于（X：1 020 像素，Y：3 143 像素）处，重命名为"身体"；单击"滤镜"→"模糊"→"高斯模糊"，让刚刚绘制的圆模糊一些，数值按照实际情况自行调整，如图 1.98 所示。

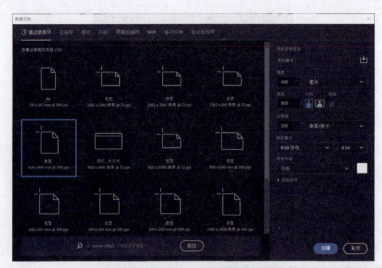

图 1.95　创建文档

图 1.96　调整渐变色

图 1.97　绘制渐变色

图 1.98　创建熊猫身体

（4）在工具栏中单击圆形工具 ，单击画面，创建两个直径为 882 像素的黑色无边圆，分别置于（X：1 547 像素，Y：5 667 像素）处与（X：4 599 像素，Y：5 667 像素）处，重命名为"左手""右手";单击"滤镜"→"模糊"→"高斯模糊",让刚刚绘制的圆模糊一些,数值按照实际情况自行调整,如图 1.99 所示。

(5)在工具栏中单击圆形工具 ⚫,单击画面,绘制一个宽为 962 像素、高为 656 像素的黑色无边椭圆形,置于(X:4 082 像素,Y:3 837 像素)处,复制一个,进入自由变换(快捷键 Ctrl + T)状态,右击,选择"水平翻转",置于(X:2 087 像素,Y:3 837 像素)处,重命名为"左眼圈""右眼圈";单击"滤镜"→"模糊"→"高斯模糊",让刚刚绘制的圆模糊一些,数值按照实际情况自行调整,如图 1.100 所示。

图 1.99　画出熊猫的左右手

图 1.100　画出熊猫的左、右眼圈

(6)在工具栏中单击圆形工具 ⚫,单击画面,创建两个直径为 191 像素的黑色无边圆,分别置于(X:2 429 像素,Y:4 024 像素)处与(X:4 372 像素,Y:4 024 像素)处,重命名为"左眼""右眼";单击"滤镜"→"模糊"→"高斯模糊",让刚刚绘制的圆模糊一些,数值按照实际情况自行调整,如图 1.101 所示。

(7)在工具栏中单击圆形工具 ⚫,单击画面,绘制一个宽为 455 像素、高为 316 像素的黑色无边椭圆形,置于(X:3 316 像素,Y:4 391 像素)处,重命名为"鼻子";在工具栏单击钢笔工具 ✐,在刚才的椭圆下方绘制两道弧线,重命名为"嘴巴",如图 1.102 所示。

图 1.101　画出熊猫的眼睛

图 1.102　画出熊猫的鼻子、嘴巴

（8）按住 Alt 键，将熊猫的黑眼圈分别向上拖动，置于（X：4 483 像素，Y：3 015 像素）处与（X：1 730 像素，Y：3 015 像素）处，重命名为"左耳""右耳"；在图层控制面板中，将耳朵的图层放在身体图层的下方，如图 1.103 所示。

（9）在工具栏中单击圆形工具 ◉，单击画面，创建两个宽为 962 像素、高为 656 像素的黑色无边椭圆形，分别置于（X：1 686 像素，Y：7 646 像素）处与（X：4 519 像素，Y：7 646 像素）处，重命名为"左脚""右脚"；在图层控制面板中将脚的图层放在身体图层的下方。单击"滤镜"→"模糊"→"高斯模糊"，让刚刚绘制的圆模糊一些，数值按照实际情况自行调整，如图 1.104 所示。

图 1.103　画出熊猫的耳朵　　　　　　　图 1.104　画出熊猫的脚

（10）将素材中的竹子素材拖入 Photoshop，大小改为宽 795 像素、高 2 235 像素，置于（X：1 619 像素，Y：4 625 像素）处，单击"滤镜"→"模糊"→"高斯模糊"，让刚刚绘制的竹子模糊一些，数值按照实际情况自行调整，如图 1.105 所示。

（11）在工具栏中单击文字工具 T，单击画面，分别输入"祝""贺"，字体为颜体楷书（繁体），字体大小为 335 点，颜色为黑色，如图 1.106 所示。

图 1.105　把竹子放在熊猫手上　　　　　图 1.106　贺卡制作完成

任务二：设计南瓜信号

（1）双击打开 Adobe Photoshop，将素材中的南瓜背景拖入 Photoshop 中。在图层控制面板中，按住鼠标左键拖动图层到"新建图层"按钮 ▣ 上，复制新图层；在图层控制面板上单击原图层，单击"调整图层"按钮 ◯，新建亮度/对比度调整图层；在"属性"面板中将亮度调至 -103，对比度调至 24，如图 1.107 和图 1.108 所示。

图 1.107　新建文档

图 1.108　修改亮度/对比度

（2）在图层控制面板中选择刚刚复制的新图层，在工具栏单击对象选择工具 ▦，选择南瓜，在图层控制面板中单击"图层蒙版"按钮 ▣，创建图层蒙版，分离出南瓜主体，如图 1.109 所示。

（3）在图层控制面板中按住 Alt 键，将第（1）步调整的图层复制一个到复制的图层上，按住 Ctrl 键，单击刚刚创建的图层蒙版，创建剪切蒙版（快捷键 Alt + Ctrl + G），如图 1.110 所示。

图 1.109　分离出南瓜主体

图 1.110　添加剪切蒙版

（4）在工具栏中单击椭圆形工具 ◯，单击画面，创建一个宽为 1 503 像素、高为 356 像素的无填充白色描边的椭圆形，置于（X：1 834.2 像素，Y：1 284.2 像素）位置处，如图 1.111 所示。

（5）在图层控制面板中单击"图层蒙版"按钮 ▣，创建图层蒙版，在工具栏中单击画笔工具 ✐，将椭圆与南瓜重合的地方涂抹掉，如图 1.112 所示。

（6）在图层控制面板中按住 Alt 键，使用鼠标左键拖动椭圆形图层向上复制一层，在"属性"面板中将羽化值改为 20；向上复制一层，将羽化值改为 40；再向上复制一层，将羽化值改为 100。在图层控制面板中选中复制的三层椭圆形，单击"组"按钮 ▣ 将其组成组，如图 1.113 所示。

图 1.111　绘制椭圆

图 1.112　给椭圆添加图层蒙版

（7）在图层控制面板中选中刚才的组，单击"调整图层"按钮 ，新建色相/饱和度调整图层，按住 Ctrl 键，创建剪切蒙版（快捷键 Alt + Ctrl + G），在"属性"面板中调整色相/饱和度，色相为 175、饱和度为 56、明度为 −42，如图 1.114 所示。

视界工坊

儿童换装
（色相饱和度）

图 1.113　圆环发光效果

图 1.114　光环变色

（8）在图层控制面板中将所有的光环组成一组，按住 Alt 键向上复制，大小修改为宽 915.5 像素、高 177.2 像素，置于（X：2 011 像素，Y：993.1 像素）位置处，右击，选择"清除蒙版"，重新添加空白蒙版进行涂抹，如图 1.115 所示。

（9）在图层控制面板中将所有的光环组成一组，按住 Alt 键向上复制，右击，选择"清除蒙版"，大小修改为宽 476 像素、高 91.9 像素，置于（X：2 230.2 像素，Y：795.2 像素）位置处；再持续向上复制两层，完成效果如图 1.116 所示。

图 1.115　复制光环

图 1.116　完成效果

七、课后任务

（1）打开素材图片，如图 1.117 所示，修改图像大小为 30 cm×20 cm，显示标尺，新建距离图片上、下、左、右各 1 cm 的参考线，如图 1.118 所示。用单行选框工具 ▭ 和单列选框工具 ▯ 沿参考线绘制选区，设置前景色 RGB（240，233，217），选择"编辑"→"描边"，宽度 2 px，效果如图 1.119 所示。

图 1.117　素材图片

图 1.118　参考线设置

图 1.119　效果图

（2）在 Photoshop 中，打开本项目素材，原图如图 1.120 所示，变换选区并调整图像（椭圆选区，羽化并反选，填充白色）。效果图如图 1.121 所示。

图 1.120　原图

图 1.121　效果图

八、任务工单

实施工单过程中填写如下工作日志。

工作日志

日期	工作内容	问题及解决方式

完成人：　　　　　　　　　　　日期：

匠 心 筑 梦 纪

灵感与创新——
借鉴的艺术

新人培养——
教育与实践的结合

创意现实——
客户需求与现实智慧

九、任务总结

完成上述任务后，填写下列任务总结表。

任务总结表

| |
| |

完成人：　　　　　　　　　　日期：

十、考核评价

完成项目评价表。

项目评价表

评分项	优秀要求	分值	备注	自评	他评
项目资讯	能够精准阐述位图与矢量图的区别，理解分辨率与图像大小关系，熟练调整画布与图像尺寸，掌握移动工具对齐分布的方法，精通选区运算，确保项目高效实施	4	错误一项扣 0.5 分，扣完为止		
项目实施	按照要求完成课后任务	2	错误一项扣 0.5 分，扣完为止		
项目拓展	按照要求完成本项目任务的操作	2	错误一项扣 0.5 分，扣完为止		
其他	工作日志和任务总结表填写详细，能够反映实际操作过程	2	没有填或者太过简单，每项扣 0.5 分		

完成人：　　　　　　　　　　日期：

项目二

边框艺术设计呈现

本项目包括两个任务：绘制古韵金属边框；制作现代科技感线条。

一、项目情境

某公司为了展示一批照片，需要设计师用 Photoshop 设计出有吸引力的边框。边框要与公司的品牌形象相一致，也要与照片的内容相协调。边框的设计要有创造力和艺术感，给边框加上图形、纹理等，可以提升照片的视觉效果。

二、项目描述

设计师需具备熟练运用 Photoshop 工具与技术的能力，以创作出独具特色的照片边框与科技线条。这些线条应展现出强烈的未来感，通过创意地运用线条的形状、色彩以及光影效果来实现，既可以是流畅而富有动感的流线型设计，也可以是精确而富有张力的几何图形构造。

三、项目分析

任务一：绘制古韵金属边框

1. 品牌形象：边框设计需要符合公司的品牌形象和视觉风格。

2. 照片内容匹配：设计师需要根据不同类型的照片来设计相应风格的边框，体现出照片的主题和情感。

3. 创意和艺术感：设计师需要运用创造力，为边框添加独特的图形、纹理和装饰，使其更加具有特殊视觉效果。

任务二：制作现代科技感线条

1. 现代感和创新性：线条设计要有现代感和科技感，让产品具有创新性和前沿性。

2. 视觉吸引力：线条的形状、颜色和光影要有视觉吸引力，吸引用户的注意，突出产品的特点。

3. 与产品配合：设计师要和产品团队合作，让线条和产品的功能及风格协调，形成统一的视觉效果。

设计师的故事

探索中国平面设计：穿越历史长河，洞悉特色精髓，领略流派纷呈的艺术盛宴。轻触扫码，即刻启程这场视觉与文化的深度探索之旅，揭秘千年文化底蕴下的设计美学与创新脉络。

中国平面设计：
历史与特色

四、项目资讯

1. 绘制类工具有哪些？怎么使用？

2. 路径的创建工具有哪些？

3. 对象的变换有哪些操作？

五、知识准备

本项目知识图谱如图 2.1 所示。

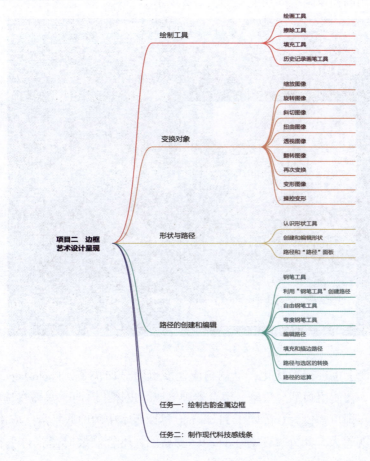

图 2.1　项目二知识图谱

2.1　绘制工具

2.1.1　绘画工具

Photoshop 中最为常用的绘图工具是"画笔工具"和"铅笔工具"，分别用于绘制边缘较柔和的笔画和硬边笔画。

1. 画笔工具

从 Photoshop CC 2018 开始，对画笔工具有了不小的加强，虽然之前的 Photoshop 也有类似的功能，但是这次新版本中，将预设画笔发挥到了全新的高度。

最新版 Photoshop 对画笔工具的优化，首先是画笔的管理模式，改变为类似于电脑中文件夹的模式，更为直观，支持新建和删除，通过拖放重新排序、创建画笔组、扩展笔触预览、切换新视图模式，以及保存包含不透明度、流动、混合模式和颜色的画笔预设，特别是增加了一个非常好用的预设画笔的功能，如图 2.2 所示。

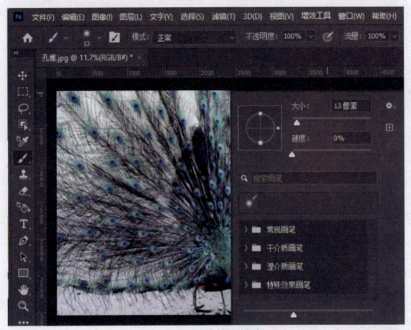

图 2.2　画笔管理模式

画笔在描边平滑上也进行了优化，笔刷响应速度也明显加快了，Photoshop 现在可以对描边执行智能平滑。在使用画笔、铅笔、混合器画笔或橡皮擦工具时，只需在选项栏中输入平滑的值（0~100）即可。值为 0 等同于 Photoshop 早期版本中的旧版平滑。应用的值越大，描边的智能平滑量就越大。此外，还有了抖动修复功能，不管画线时紧张得手抖还是身体抖，新版的防抖功能也能把线条变得平滑美观。

描边平滑在多种模式下均可使用。单击 ⚙ 图标可以启用以下一种或多种模式，如图 2.3 所示。

图 2.3　绘制模式

拉绳模式：拉绳模式下，仅在绳线拉紧时绘画。在平滑半径之内移动光标，不会留下任何标记。当按住鼠标并且拖曳画笔时，会出现一个圆形平滑区域，圆形平滑区域的边缘就是画笔移动的边界，也就是说，当鼠标在圆形区域中移动时，画笔是不会移动的，鼠标指针后的那根线就像是现实中的一根细绳子，通过细绳拖动物体移动，所以叫作拉绳模式，如图 2.4 所示。

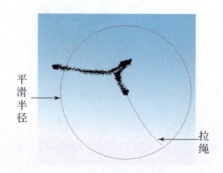

图 2.4 拉绳模式绘图

描边补齐：使用鼠标绘制一条曲线，在曲线还未绘制到鼠标指针处时，依然按住左键不松手，曲线会自动补齐末尾的线条，那么，如果按下鼠标绘制一段后，未等线条移动到鼠标指针处就松开鼠标左键，线条会不会补齐？这就要看"补齐描边末端"选项了，如图 2.5 所示。

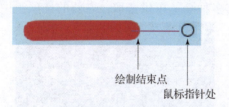

图 2.5 描边补齐绘图

补齐描边末端："补齐描边末端"选项专门用来控制绘制线条后是否释放鼠标左键的行为，在没有勾选"补齐描边末端"选项时，绘制线条后，当释放鼠标左键时，线条会直接从平滑的拖曳点断开。如果勾选了"描边补齐"，但是没有勾选"补齐描边末端"，当按住鼠标绘制线条时，指针拖曳到一定区域时，突然释放左键，这时线条就会在拖曳点处断开，反之，拖曳到一定位置时按住左键不松手，那么线条会自动慢慢补齐至指针处。

调整缩放：选中此选项时，可以通过调整平滑来防止抖动描边。在放大文档显示比例时减小平滑；在缩小文档显示比例时增加平滑。

绘画对称：Photoshop 现在允许在使用画笔、铅笔或橡皮擦工具时绘制对称图形。在使用这些工具时，单击属性栏中的 图标，可选择的对称图形如图 2.6 所示。从几种可用的对称类型中选择。绘画描边在对称线间实时反映，从而可以更加轻松地素描人脸、汽车、动物等，如图 2.7 所示。

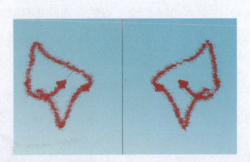

图 2.6 可选择的对称类型   图 2.7 使用"垂直对称"和"平滑 100"绘制的图形

"画笔工具"  通常用于绘制偏柔和的线条，类似于使用毛笔的绘画效果。

在使用"画笔工具"绘制图像时，应根据要绘制的不同效果选择画笔。"画笔工具"属性栏如图 2.8 所示。

图 2.8 "画笔工具"属性栏

各参数说明如下。

（1）"画笔"选项。此选项用于选择画笔样式和设置画笔大小。

（2）"切换'画笔设置'面板"选项。单击 按钮，可打开"画笔设置"面板，如图 2.9 所示。面板中左侧有多种画笔可供选取，右侧的选项组中可以选择和预览画笔的样

图 2.9 "画笔设置"面板

式，设置画笔的大小、笔尖的形状、硬度和间距等。Photoshop 内置的笔刷比之前的版本丰富了很多，习惯使用 Photoshop 作画的读者可以不用到处找笔刷下载了。

（3）"模式"选项。此选项用于设置"画笔工具"对当前图像中像素的作用形式，即当前使用的绘图颜色如何与图像原有的底色进行混合，绘图模式与图层的混合模式选项相同。

（4）"不透明度"选项。此选项用于设置画笔颜色的不透明度。可以在文本框中直接输入数值，也可以单击 按钮，在弹出的滑杆中拖动滑块进行调节。不透明度数值越大，不透明度越高。

（5）"流量"选项。此选项用于设置图像颜色的压力程度。流量数值越大，画笔笔触越浓。

（6）"启用喷枪模式"选项。单击该按钮 ，启用喷枪进行绘图工作。

①"大小"选项。该选项用来控制画笔的直径，在该选项文本框中输入数值或拖动滑杆来改变画笔的粗细，或按［或］来减小或增加画笔直径。

②"角度"选项。该选项用于设置画笔长轴的倾斜角度，即偏离水平线的距离。

③"圆度"选项。该选项用于设置椭圆短轴和长轴的比例关系。

④"间距"选项。该选项用于设置连续运用画笔绘制时，前一个产生的画笔和后一个产生的画笔之间的距离。它是用相对于画笔直径的百分数来表示的。

2. 自定义画笔

若 Photoshop 自带的画笔样式不能满足需求，可以根据需要自定义画笔。自定义画笔时，可将一个几何图形定义为画笔，也可将动物、人物图形等多种形状定义为画笔。

下面以把人物图形定义为画笔为例进行讲解，具体操作步骤如下。

（1）使用 Photoshop 打开素材（图 2.10）。选择一个要定义为画笔的选区，如图 2.10 所示。

图 2.10　选择画笔选区

（2）选择"编辑"→"定义画笔预设"命令，在打开的"画笔名称"对话框中输入画笔名称为"小鹿"，单击"确定"按钮，即可自定义画笔，如图 2.11 所示。

（3）定义好画笔后，在"画笔"面板的画笔样式列表框中选择自定义的画笔样式（小鹿），修改画笔大小，如图 2.12 所示。

图 2.11　输入画笔名称

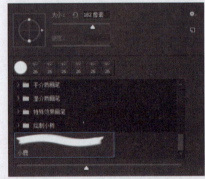

图 2.12　选择自定义画笔样式

（4）将鼠标移到图像窗口中，单击或按住鼠标左键拖动鼠标进行绘画即可。自定义的画笔是灰度图像，不保留源图像的色彩信息，被调用时，画笔颜色由当前的前景色决定。

3．画笔预设

（1）单击画笔属性栏上的 按钮，打开"画笔设置"面板，如图 2.13 所示，进行画笔属性如模式、不透明度等参数设置，如图 2.14 所示。

图 2.13　"画笔设置"面板

图 2.14　画笔参数设置

（2）如果后面还要用到这个画笔，则需要保存画笔预设。单击"画笔设置"面板的下方"创建新画笔"按钮▣，在"新建画笔"面板（图 2.15）中，给新建的画笔起个名字，勾选"捕获预设中的画笔大小""包含工具设置"和"包含颜色"，单击"确定"按钮。打开画笔面板，看到刚刚新建好的这个画笔预设了，如图 2.16 所示。单击画笔面板右上方的▦按钮，在打开的下拉菜单中，选择"新建画笔预设"。给新的画笔组取个名字（图2.17）。可以把预设好的各种画笔都拖曳进这个组，方便管理与调用，以免画笔太多找不到。

图 2.15　新建画笔面板

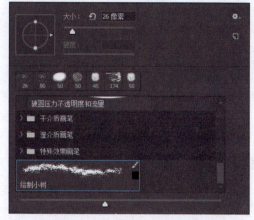

图 2.16　"绘制小树"创建的新画笔

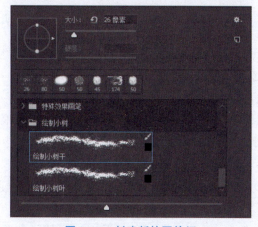

图 2.17　创建新的画笔组

4. 铅笔工具

"铅笔工具" ✏ 不同于"画笔工具" 🖌 的最大特点是其硬度比较大且不可变。"铅笔工具"的使用方法和"画笔工具"的类似，"铅笔工具"属性栏如图 2.18 所示。

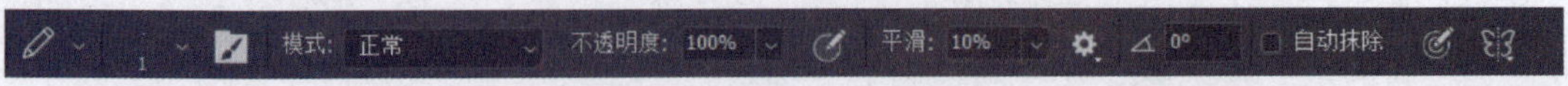

图 2.18 "铅笔工具"属性栏

"自动抹除"选项是"铅笔工具"特有的选项，选中此选项，如果在与前景颜色相同的图像区域内绘图，"铅笔工具"相当于橡皮擦，拖动过的地方会自动擦除前景色填入背景色，如果在不包含前景色的区域上拖动，则绘制成前景色。

5. 混合器画笔工具

混合器画笔工具 🖌 可以绘制出逼真的手绘效果，是较为专业的绘画工具，通过 Photoshop 属性栏的设置可以调节笔触的颜色、潮湿度、混合颜色等，就如同在绘制水彩或油画的时候，随意地调节颜料颜色、浓度、颜色混合等，可以绘制出更为细腻的效果图。工具属性栏如图 2.19 所示。

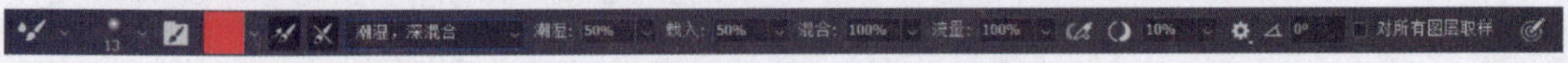

图 2.19 "混合器画笔"工具属性栏

（1）画笔 🖌：单击该按钮，在打开的下拉列表中选择画笔笔头大小。

（2） 🟥：显示前景色颜色，单击右侧三角按钮可以载入画笔、清理画笔、只载入纯色。

（3） 🖌：每次描边后载入画笔。

（4） ✕：每次描边后清理 Photoshop 画笔。其有"每次描边后载入画笔"和"每次描边后清理画笔"两个按钮，控制每一笔涂抹结束后对画笔是否更新和清理。类似于画家在绘画时一笔过后是否将画笔在水中清洗的选项。

（5）混合画笔组合 潮湿，深混合：提供多种为用户提前设定的画笔组合类型，包括干燥、湿润、潮湿和非常潮湿等。当选择某一种混合画笔时，右边的四个选择数值会自动改变为预设值。

（6）潮湿 潮湿：50%：设置从画布拾取的油彩量。就像是给颜料加水一样，设置的值越大，画在画布上的色彩越淡。

（7）载入 载入：50%：设置画笔上的油彩量。

（8）混合 混合：100%：用于设置 Photoshop 多种颜色的混合。当潮湿为 0 时，该选项不能用。

（9）流量 流量：100%：设置画笔颜色的轻重。

（10） 🖌：启用喷枪样式的建立效果，画笔在一个固定的位置一直描绘时，画笔会像喷枪那样一直喷出颜色。如果不启用这个模式，则画笔只描绘一下就停止流出颜色。

（11） 对所有图层取样：对所有图层取样的作用是，无论该文件有多少图层，都将它们作为一个单独的合并的图层看待。

（12） 🖌：绘图板压力控制大小选项。当选择普通画笔时，它可以被选择。此时可以用绘图板来控制画笔的压力。

下面对同一张素材图片分别用"干燥"和"湿润"两种混合类型进行绘画，如图 2.20

和图 2.21 所示。Photoshop 较为干燥的画笔较多地保留了自定义的颜色，较为湿润的画笔则可以从画面上取出自己想要的颜色。就如沾了水的笔头，越湿的笔头，就越能将画布上的颜色化开。另一个对颜色有较强影响的是混合值，混合值越高，画笔原来的颜色就会越浅，从画布上取得的颜色就会越深。

图 2.20　干燥画笔绘制的太阳

图 2.21　湿润画笔绘制的太阳

6. 颜色替换工具

"颜色替换工具" 使用 Photoshop 前景色对图像中特定的颜色进行替换，该工具常用来校正图像中较小区域颜色的图像。工具属性栏如图 2.22 所示。

图 2.22　"颜色替换"工具属性栏

（1）模式：色相、饱和度、颜色和明度。色相模式更加精准细微，颜色模式相较之下就没那么细致。

（2） "取样：连续"，是在拖移时连续对颜色取样； "取样：一次"，只替换第一次单击的颜色所在区域的目标颜色，即，如果一幅图有红、黄、绿三种颜色，设置前景色为蓝色，选择"一次"按钮，鼠标单击红色处开始涂抹，将只替换图像中红色的颜色为蓝色

（其他颜色不受影响）；  "取样：背景色板"，只替换包含当前背景色的区域，即，如果一幅图有红、黄、绿三种颜色，设置前景色为蓝色、背景色为黄色，单击"背景色板"按钮，在图像上涂抹，将只替换图像中（背景色）的黄色为蓝色，其他颜色不受影响。

（3）"限制"，限制也有三个选项："连续"表示替换画笔邻近的颜色；"不连续"替换出现在指针下任何位置的颜色；"查找边缘"替换样本颜色的相连区域，同时更好地保留边缘的锐化程度。

（4）容差，设置较低的百分比可以替换与所点像素非常相似的颜色，而增加百分比可以替换范围更广的颜色。选择"消除锯齿"，这样可以得到一个柔和的边缘，弊端就是图片可能不那么精确。可以使用"查找边缘"限制消除锯齿。

案例：快速生成多色柠檬

（1）按快捷键 Ctrl + O，打开一幅柠檬素材图片，如图 2.23 所示。

图 2.23 柠檬素材图片

（2）打开前景色拾色器，设置前景色为红色 RGB（255，0，0）。

（3）选择 Photoshop 工具箱中的"颜色替换工具" ，设置合适画笔大小，在图像中的柠檬的一个切片上涂抹，改变颜色为蓝色 RGB（0，0，255），在图像中的柠檬的另一个切片上涂抹，效果图如图 2.24 所示。

图 2.24 效果图

2.1.2 擦除工具

橡皮擦工具用于擦除背景或图像。橡皮擦工具组含有"橡皮擦工具" 、"背景橡皮擦工具" 和"魔术橡皮擦工具" ，下面分别介绍它们的使用方法。

知识驿站

换背景很方便

使用橡皮擦工具，在图像中涂抹可以擦除图片中不需要的部分。如果在背景图层或锁定的透明图层上擦，在擦除前景图像像素的同时，填入背景色；如果在普通图层上擦，擦除的位置变为透明。"橡皮擦工具"属性栏如图 2.25 所示。

图 2.25 "橡皮擦工具"属性栏

各参数的含义如下。

（1）"模式"选项。可选择橡皮擦的种类，包括"画笔""铅笔"和"块"三个选项。"画笔"模式具有边缘柔和及带有羽化效果；"铅笔"模式则是硬边效果；"块"模式，擦除的效果为块状，不能改变"不透明度"和"流量"选项值。

（2）"抹到历史记录"选项。选中此复选框，"橡皮擦工具"具有了历史记录画笔 的功能，能够有选择地恢复图像到某一历史记录状态，如图 2.26 所示。

图 2.26 橡皮擦工具示例

扫码学习用背景橡皮擦给小猫换背景案例和用魔术橡皮擦给小猫换背景案例。

知识驿站   知识驿站

背景橡皮擦工具   魔术橡皮擦工具

视界工坊

中华上下五千年
水墨画轴绘制

2.1.3 填充工具

"油漆桶工具"和"渐变工具"都用于给图像填充，但两者的填充方式和内容不同："油漆桶工具" 只能填充一种颜色或图案；"渐变工具"

可以填充两种以上的颜色，且过渡细腻，融合效果好，选择该工具后，在图像中单击并拖动出一条直线，以标示渐变的起始点和终点，释放鼠标后，即填充了渐变效果。

Photoshop 可以创建 5 种渐变：线性渐变■、径向渐变■、角度渐变■、对称渐变■和菱形渐变■。在工具箱中的"油漆桶工具" ◇ 上单击鼠标右键，选择"渐变工具"命令。在工具属性栏中选择相应渐变类型，效果如图 2.27 所示。

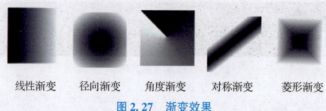

线性渐变　　径向渐变　　角度渐变　　对称渐变　　菱形渐变

图 2.27　渐变效果

在如图 2.28 所示的工具属性栏中选择渐变类型，还可以设置渐变颜色的混合模式、不透明度等参数，从而创建出更丰富的渐变效果。

图 2.28　"渐变工具"属性栏

各参数含义如下。

（1）"渐变颜色条"选项。该选项用于显示当前的渐变颜色，单击其右侧的下拉按钮，打开下拉面板，在面板中选择预设的渐变颜色。

（2）"渐变类型"选项。选项栏中有上文所说的 5 种渐变类型。

（3）"模式"选项。该选项用于设置应用渐变时的混合模式。

（4）"不透明度"选项。该选项用于设置渐变效果的不透明度。

（5）"反向"选项。该选项用于转换渐变中的颜色顺序，得到反向的渐变效果。

（6）"仿色"选项。用较小的带宽创建较平滑的混合，可防止打印时出现条带化现象。

（7）"透明区域"选项。选中该复选框可以创建透明渐变；取消该选项复选框可以创建实色渐变。

（8）"新的渐变插值"选项。Adobe 已升级 Photoshop 中的渐变工具，它引入了两个新选项：线性和可感知。其与现有的古典插值方法一起，旨在增强用户创建更平滑渐变的创意过程，使渐变更准确、创建和修改更简单，并且更方便用户进行触控操作。

"古典插值"用法：使用此渐变选项可处理包含旧版 Photoshop 中创建的渐变的设计，因为，此选项可帮助保留相同的外观，如图 2.29 所示。

"可感知插值"用法：使用此选项可创建自然的渐变，就像人眼看到现实世界中的自然渐变一样，如图 2.30 所示。

"线性插值"用法：类似于可感知插值，此选项也与人眼在自然世界中感知光的方式非常相似，如图 2.31 所示。

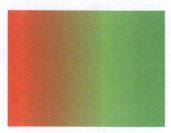

图 2.29　古典插值　　　　　图 2.30　可感知插值　　　　　图 2.31　线性插值

单击"渐变工具"属性栏中的渐变颜色条，打开图 2.32 所示的"实底"渐变编辑器和图 2.33 所示的"杂色"渐变编辑器对话框。

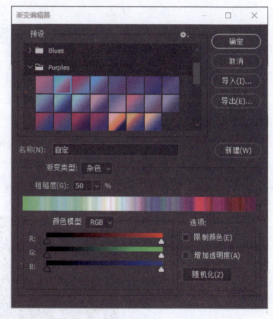

图 2.32　"渐变编辑器"对话框（1）　　　　　图 2.33　"渐变编辑器"对话框（2）

对话框中各选项功能如下。

①"预设"选项。该选项列表框中提供软件自带的渐变样式缩略图。单击可选取渐变样式，并且在对话框下部显示出不同渐变样式的参数和选项的设置。

②"名称"选项。该文本框中显示当前所选渐变样式名称，也可以用来设置新样式的名称。

③"新建"选项。单击该选项按钮，根据当前的渐变设置创建一个新的渐变样式，并添加到"预设"窗口的末端位置。

④"渐变类型"选项。该选项下拉列表包括"实底"和"杂色"。当选择"实底"选项时，可以对均匀渐变的过渡色进行设置；当选择"杂色"选项时，可以对粗糙的渐变过渡色进行设置。

⑤"平滑度"选项。该选项用于调节渐变的光滑程度。

⑥色标滑块。该滑块用于控制颜色在渐变中的位置。如果在色标滑块上单击并拖动鼠标，可调整该颜色在渐变中的位置。要在渐变中添加新颜色，在渐变颜色编辑条下方单击，可以创建一个新色标滑块，然后双击该色标滑块，在打开的"选择色标颜色"对话框中设置所需的色标颜色。

⑦颜色中点滑块。在单击颜色中点滑块时，会显示其与相邻色标滑块之间的颜色过渡中点。拖动该中点，可以调节渐变颜色之间的颜色过渡范围。

⑧不透明度色标滑块。该滑块位于颜色条上方，用于设置渐变颜色的不透明度。单击该滑块后，通过"不透明度"文本框设置其颜色的不透明度。再单击不透明度色标滑块时，会显示与其相邻不透明度色标之间的不透明度过渡中点。拖动中点，调整渐变颜色之间的不透明度的过渡范围。

⑨"位置"选项。该选项用于设置色标滑块或不透明度色标滑块的位置。

⑩"删除"选项。单击该选项按钮可以删除所选的色标或不透明度色标。

案例：绘制彩虹

单击"窗口"→"渐变"，在"渐变"面板中如果搜索不到 Radiant 渐变或 Rainbow 渐变，只单击"渐变"面板右上方的 ≡ 按钮，在出现的菜单中选择"旧版渐变"（图 2.34）将旧版渐变添加到面板中，选择"默认旧版渐变"→"透明彩虹渐变"（图 2.35），或者选择"旧版渐变"→"特殊效果"→"罗素彩虹"（图 2.36），打开"渐变编辑器"对话框，移动渐变条上方的"不透明度色标"并改变"不透明度"位置渐变条下方的"色标"，如图 2.37 所示，勾选"渐变工具"属性栏最后的"透明区域"选项，画出如图 2.38 所示的彩虹效果。

图 2.34 "旧版渐变"选项

图 2.35　透明彩虹渐变

图 2.36　罗素彩虹

图 2.37　"渐变编辑器"对话框

图 2.38　彩虹效果

拓展

　　在"渐变编辑器"对话框中设置好渐变后，在"名称"文本框中输入渐变的名称，单击"新建"按钮，可以将其保存到"预设"列表框中。在如图 2.39 所示的渐变编辑器预设列表中，选择一个渐变，右击，下拉菜单有"新建渐变""重命名渐变""删除渐变"，可新建渐变，或对选择的渐变进行改名或删除。单击"预设"右上角的 🔧 按钮，在弹出的菜单中选择所需的样本名称，可将样本载入"预设"区中，在弹出的菜单中选择"复位渐变"，则恢复默认的渐变预设。

图 2.39　渐变编辑器

扫码学习油漆桶工具的使用技巧和使用 3D 材质拖放工具制作材质小熊的实例。

材质拖放工具

油漆桶工具

2.1.4　历史记录画笔工具

历史记录画笔是 Photoshop 里的图像编辑恢复工具，使用历史记录画笔可以将图像编辑中的某个状态还原出来。使用历史记录画笔可以起到突出画面重点的作用。所谓历史记录，是指图像处理的某个阶段，建立快照后，无论何种操作，系统均会保存该状态。Photoshop 中的历史记录画笔工具和历史记录艺术画笔工具都属于恢复工具，它们需要配合历史记录面板使用。

给动物穿马夹

拓展

需要注意的是，历史纪录画笔的笔刷设定与画笔等工具的完全一样，除了默认的圆形笔刷，也可以使用各种形状各种特效的笔刷。同时，在顶部公共栏中可以设定画笔的各种参数。因此，笔刷并不只针对某一工具，而是一种全局性的设定。

案例：

（1）按快捷键 Ctrl + O，打开一幅素材图片，如图 2.40 所示，按快捷键 Ctrl + J 复制一层。

图 2.40　素材图片

（2）执行 Photoshop 菜单栏中的"模糊"→"高斯模糊"命令，打开"高斯模糊"对话框，设置对应参数，单击"确定"按钮，如图 2.41 所示。

（3）打开 Photoshop 的"历史记录"面板，在打开的历史状态的左侧图标上单击，使"历史记录画笔的源"图标 显示出来，将该状态设置为"历史记录画笔"的源。如果在面板区没有"历史记录"面板，可以执行菜单栏"窗口"→"历史记录"命令，打开 Photoshop "历史记录"面板，如图 2.42 所示。

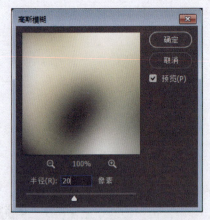

图 2.41 "高斯模糊"对话框

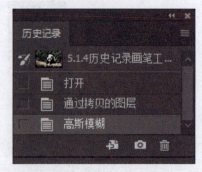

图 2.42 "历史记录"面板

（4）执行 Photoshop 菜单栏中的"滤镜"→"风格化"→"风"命令，弹出如图 2.43 所示的对话框，保持默认设置，单击"确定"按钮。按快捷键 Ctrl + F 两次，加大风吹效果，如图 2.44 所示。

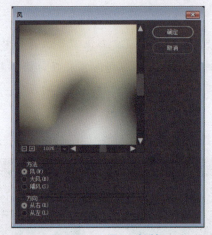

图 2.43 "风"对话框

图 2.44 风吹效果

（5）在 Photoshop"历史记录"面板中设置历史记录画笔源（历史记录画笔源就是要把图像的某部分恢复到所选的源图像的状态）。"历史记录"面板如图 2.45 所示。

图 2.45　"历史记录"面板

（6）选择 Photoshop 工具箱中的"历史记录画笔工具" ，设置合适的画笔大小，在需要恢复的部分（如这里的熊猫头）按住鼠标左键拖动涂抹，这时被涂抹的部分将恢复到所选"历史记录画笔源"图像时的状态。效果如图 2.46 所示。

图 2.46　由清晰到模糊的效果

扫码学习对象变换技巧。

知识驿站

变换对象

视界工坊

绘制简笔画

2.2　形状与路径

2.2.1　认识形状工具

在 Photoshop 中，可以通过形状工具创建路径图形。形状工具一般可分为两类：一类是基本几何体图形的形状工具，如图 2.47 所示；另一类是形状较多样的自定形状工具。

图 2.47　形状工具

（1）矩形工具：选择该命令可以绘制矩形（正方形）。

（2）椭圆工具：选择该命令可以绘制椭圆或圆形（圆角半径可以设置）。

（3）多边形工具：选择该命令可以绘制多边形（设置边数、半径等）。

（4）直线工具：选择该命令可以绘制直线。

（5）自定形状工具：选择该命令可以绘制自由的形状（可以用预设形状库中的形状替换当前形状）。

"形状工具"的属性栏对形状工具的使用十分重要。在其属性栏中可以设置所要绘制形状的一些参数，如图 2.48 所示。

图 2.48　"形状工具"属性栏

下面介绍一下"形状工具"的属性栏中的部分选项。

绘图模式：Photoshop 中的钢笔和形状等矢量工具可以创建不同的对象，包括形状、路径、像素。使用矢量工具开始绘图之前，需要在其属性栏中选择一种绘图模式，如图 2.49 所示。选取的绘图模式将决定是创建工作路径，还是在当前图层上方创建形状图层，或是在当前图层绘制填充图形。

图 2.49　绘图模式

（1）形状。在画面上绘制形状时，"图层"面板上自动生成一个名为"形状"的新图层，并在"路径"面板上保存为矢量形状。

（2）路径。在画面上绘制形状时，此形状自动转变为路径线段，并在"路径"面板中保存为工作路径。

（3）像素。绘制形状时，在原图层上自动用前景色填充或描边（有些自定形状是用前景色描边的）此形状。在"图层"面板和"路径"面板中不会保存形状。

2.2.2　创建和编辑形状

绘制形状时，首先要在工具属性栏中选择合适的绘制模式。

绘制形状的方法很简单，只需在画面上拖动鼠标，便可绘制出所需的形状。

绘制形状的过程中，必须注意以下问题。

（1）按住 Shift 键，可以绘制出规则的图形。选择"直线工具"，按住 Shift 键，在画面上拖动鼠标，可以绘制出水平、竖直或 45°的直线；选择"矩形工具"，按住 Shift 键，在画

视界工坊

红船绘制
（形状工具）

面上拖动鼠标，可以绘制出正方形；选择"椭圆工具"，按住 Shift 键，在画面上拖动鼠标，可以绘制出正圆。

（2）按住 Alt 键拖动鼠标，可以从中心开始绘制形状，即鼠标的起始点是形状的中心，例如，从圆心开始绘制椭圆或圆；按住快捷键 Shift + Alt，以鼠标的起始点为圆心或正方形的中心绘制圆或正方形。

案例：用自定形状工具绘制大象撑划艇图。在自定形状工具属性栏中，绘图模式选择"像素"，新建图层，单击 形状: ![按钮，出现如图 2.50 所示的形状列表，分别选择"小船"→"划艇"，"花卉"→"形状 48"，"野生动物"→"大象"，在不同的图层上改变前景色，绘制出大象撑划艇的意境图，最终效果如图 2.50 所示。

图 2.50　形状列表和最终效果

拓展

单击图 2.50 右侧的 ![按钮，在弹出的下拉菜单中可以复位形状、存储形状和载入形状。

2.2.3　路径和"路径"面板

路径是 Photoshop 中的重要工具，主要用于光滑图像选择区域及辅助抠图，绘制光滑线条，定义画笔等工具的绘制轨迹，输出输入路径及和选择区域之间进行转换。

"路径"面板列出了每条存储的路径、当前工作路径和当前矢量蒙版的名称和缩览图。关闭缩览图可提高性能。

（1）要显示"路径"面板，选择菜单"窗口"→"路径"命令，如图 2.51 所示。

图 2.51　"路径"面板

（2）要查看路径，单击"路径"面板中相应的"路径缩览图"。一次只能选择一条路径。

（3）要取消选择路径，单击"路径"面板中的空白区域。

下方的各按钮含义如下。

① "用前景色填充路径" 。用前景色来填充路径区域。

② "用画笔描边路径" 。可以按设置的绘画工具和前景色描边路径（如选择铅笔或钢笔，注意事先调整笔头大小和颜色）。

③ "将路径作为选区载入" 。将路径转换为选区。

④ "从选区生成工作路径" 。由图像文件窗口中的选区转换为路径。

⑤ "添加蒙版" ，将当前路径转换为图层蒙版。

⑥ "创建新路径" 。可以创建一条新路径。

⑦ "删除当前路径" 。可以删除当前选中路径。

通过"路径"面板的按钮或单击"路径"面板中的"工作路径"后右键，在快捷菜单中选择相应菜单，可以实现新建路径，复制、删除和重命名路径，路径和选区相互转换，填充和描边路径。

2.3　路径的创建和编辑

在 Photoshop 中，除了使用形状工具绘制路径外，可以使用"钢笔工具"或"自由钢笔工具"绘制更为复杂的路径。路径工具组有 6 个工具，分别用于绘制路径，添加、删除锚点及转换锚点类型，如图 2.52 所示。

视界工坊

鲸鱼绘制

图 2.52　路径工具组

2.3.1　钢笔工具

通过图 2.53 所示的"钢笔工具"属性栏，可以设置"钢笔工具"的选项。

图 2.53　"钢笔工具"属性栏

（1）类型 路径：包括形状、路径和像素 3 个选项。每个选项所对应的工具选项也不同（选择矩形工具后，像素选项才可使用）。

（2）建立 建立：选区… 蒙版 形状：建立是 Photoshop 新加的选项，可以使路径与选区、蒙版和形状间的转换更加方便、快捷。绘制完路径后单击选区按钮，可以弹出"建立选区"对话框，在对话框中设置完参数后，单击"确定"按钮即可将路径转换为选区；绘制完路径后，单击"蒙版"按钮可以在图层中生成矢量蒙版；绘制完路径后，单击"形状"按钮可以将绘制的路径转换为形状图层。

（3）绘制模式 ：其用法与选区相同，可以实现路径的相加、相减和相交等运算。

（4）对齐方式 ：可以设置路径的对齐方式（文档中有两条以上的路径被选择的情况下可用）与文字的对齐方式类似。

（5）排列顺序 ：设置路径的排列方式。

（6）橡皮带 ：可以设置路径在绘制的时候是否连续。

（7）自动添加/删除 自动添加/删除：如果勾选此选项，当钢笔工具移动到锚点上时，钢笔工具会自动转换为删除锚点样式；当移动到路径线上时，钢笔工具会自动转换为添加锚点的样式。

（8）对齐边缘 对齐边缘：将矢量形状边缘与像素网格对齐（选择"形状"选项时，对齐边缘可用）。

扫码学习使用钢笔工具绘制叶子实例、自由钢笔工具的抠图技巧和使用弯度钢笔工具进行抠图的技巧。

知识驿站

知识驿站

知识驿站

利用钢笔工具创建路径　　　弯度钢笔工具　　　自由钢笔工具

2.3.2　编辑路径

1. 移动路径

"路径选择工具" 是用来选择或移动整条路径的工具。使用的时候，只需要在任意路径上单击就可以选中路径，拖动可以移动整条路径，同时，还可以框选或按 Shift 键，进行多条路径的选择。使用这款工具时，在路径上用鼠

视界工坊

环保主题
LOGO 设计
（编辑路径）

标右键单击，在快捷菜单中有一些路径的常用操作功能，如删除锚点、增加锚点、建立选区、描边路径等。按住 Alt 键可以复制路径。

"直接选择工具" 不仅可以调整整个路径位置，还可以调整路径中的锚点位置，如图 2.54 所示。选择这款工具后，在路径上单击，路径的各锚点就会出现，单击任一个锚点并拖动鼠标移动描点位置，框选路径上的所有锚点进行路径的整体移动操作。按住 Alt 键也可以复制路径。

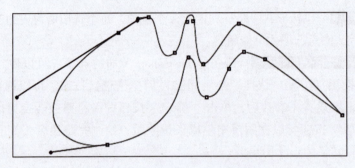

图 2.54 调整路径中的锚点位置

2. 断开或连接路径

要断开路径，则用"直接选择工具"单击路径上需要断开的控制点，然后按 Delete 键，这样就可以将原路径断开。

要连接两条断开的路径，则可以用"钢笔工具"单击一条路径上的一个端点，然后单击另一条路径上的端点，这样就将两条路径连接起来。

3. 删除路径

在绘制路径的过程中，按 Delete 键可以删除当前的锚点（或用删除锚点工具 ），按 2 次 Delete 键可以删除整条路径，按 3 次 Delete 键可以删除所有显示的路径。

2.3.3　填充和描边路径

建立路径以后，要将绘制的路径转化为像素的形式，从而应用于图像制作中。下面将介绍路径的描边及填充。

1. 填充路径

根据闭合路径所围住的区域，使用指定的颜色便可对路径进行填充。单击"编辑"→"填充"命令，或右击"路径"面板，选择"填充路径"，打开"填充"或"填充路径"对话框，如图 2.55 所示。图 2.56 所示是"填充图案"→"草 – 秋天"效果。

2. 描边路径

对路径进行描边，在"路径"面板中右击"路径缩览图"，在弹出的菜单选择"描边路径"命令，出现"描边路径"对话框（图 2.57），选择描边工具（如选择铅笔或钢笔，注意事先调整笔头大小和颜色），描边后的效果如图 2.58 所示。

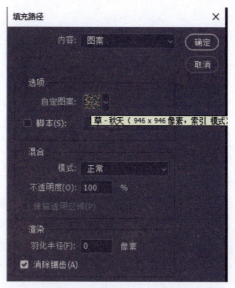

图 2.55　"填充路径"对话框

图 2.56　填充"草–秋天"效果

图 2.57　"描边路径"对话框

图 2.58　描边后的效果

扫码学习路径与选区的转换技巧和路径的运算技巧。

知识驿站

路径的运算

知识驿站

路径与选区的转换

视界工坊

UI 按钮设计

六、项目实施

任务一：绘制古韵金属边框

（1）双击打开 Adobe Photoshop，单击"新建"命令（快捷键 Ctrl + N），弹出"新建文档"对话框，设置名称：古风照片金属边框，宽为 4 000 像素，高为 4 000 像素，分辨率为 72 像素/英寸，颜色模式：RGB 颜色、8 bit，背景颜色为白色。设置完毕后，单击"创建"按钮，如图 2.59 所示。

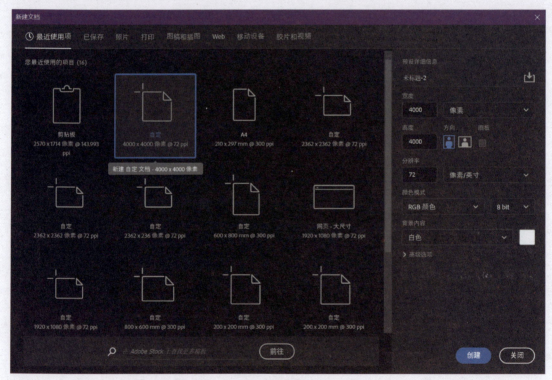

图 2.59　创建文档

（2）在图层控制面板上单击"新建图层"按钮 ▣，新建图层。全选（快捷键 Ctrl + A），填充前景色（快捷键 Alt + Delete）RGB（171，56，37），然后取消选区（快捷键 Ctrl + D），如图 2.60 和图 2.61 所示。

（3）打开标尺工具（快捷键 Ctrl + R），从左侧和上方拖动辅助线，确定画布中心点，如图 2.62 所示。

图 2.60 填充前景色

图 2.61 填充效果

（4）在工具栏单击圆形工具 ◉，按住 Shift 键，在辅助线的交点绘制一个直径为 2 350
像素的无填充有描边的正圆，描边颜色为 RGB（255，229，179），描边厚度为 34.5 像素，
如图 2.63 所示。

图 2.62　确定画布中心点

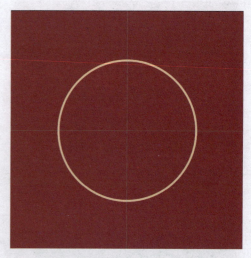

图 2.63　绘制正圆形

（5）从左侧和上方拖动辅助线，在圆的上下左右与辅助线的交点处放置辅助线；进入自由变换模式（快捷键 Ctrl + T），将圆的直径调整为 1 255.5 像素，置于（X：786 像素，Y：1 355 像素）位置处，如图 2.64 所示。

（6）按住 Alt 键，拖动圆，在（X：1 924 像素，Y：1 355 像素）处复制一个相同的圆，如图 2.65 所示。

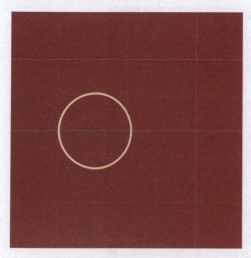

图 2.64　调整圆的大小和位置

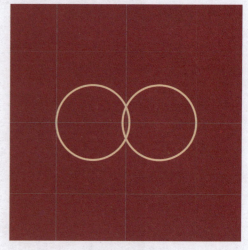

图 2.65　复制圆

（7）在图层控制面板上选中刚刚创建的两个圆，按住 Alt 键，按住鼠标左键向上拖动复制一份，然后进入自由变换模式（快捷键 Ctrl + T），右击，选择"旋转 90°"，如图 2.66 所示。

（8）在图层控制面板上选中四个圆，右击，选择"合并形状"，在工具栏上单击圆形工具 ⬤，在上方选择"路径操作" ⬛ →"合并形状组件"，消除掉多余的线条，将图层命名为边框，如图 2.67 所示。

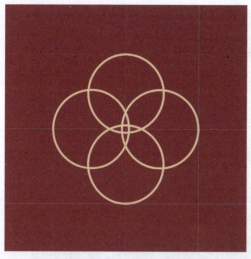

图 2.66 复制并旋转 90°

图 2.67 "合并形状"后的效果

（9）在工具栏上单击移动工具 ，将辅助线向左向上拖动，去除辅助线；在图层控制面板上，按住 Alt 键，鼠标左键拖动刚刚合并的图形，向下复制一份，在工具栏上单击圆形工具 ，将刚才复制的合并图形的描边去除，填充任意颜色，在图层控制面板上将此图层命名为蒙版，如图 2.68 所示。

（10）将素材中的古装素材拖入 Photoshop，在图层控制面板上将它放在边框和蒙版之间，创建剪切蒙版（快捷键 Alt + Ctrl + G），如图 2.69 所示。

图 2.68 "向下复制"效果

图 2.69 "创建剪切蒙版"效果

（11）回到边框图层，在图层控制面板上右击边框图层，选择"混合选项"→"斜面和浮雕"，样式选择"内斜面"，方法选择"雕刻清晰"，深度为 200%，方向为上，大小为 40 像素，软化为 0 像素；阴影角度 90 度、高度 30 度，光泽等高线选择双峰状，消除锯齿，高光模式为深色 RGB（245，210，135），不透明度为 100%，阴影模式为正片叠底 RGB（79，49，19），不透明度为 80%，单击"确定"按钮。至此，边框完成，如图 2.70 和图 2.71 所示。

图 2.70 "混合模式"参数设置

图 2.71 绘制古韵金属边框效果图

任务二：制作现代感线条

（1）打开 Photoshop，单击"新建"命令（快捷键 Ctrl + N），弹出"新建文档"对话框，设置名称：科技感线条，宽为 1 920 像素，高为 1 080 像素，分辨率为 72 像素/英寸，颜色模式为 RGB 颜色、8 bit，背景颜色为白色。设置完毕后，单击"创建"按钮，如图 2.72 所示。

图 2.72 创建文档

（2）在图层控制面板上单击"新建图层"按钮 🔳 新建图层，在工具栏上单击钢笔工具 🖊，在新建的图层中随意画出一条曲线。选中画笔工具，在画笔工具中选用硬边圆，将像素设为 1 像素，重新选择钢笔工具。单击鼠标右键，选中"描边路径"，然后删除钢笔路径，在画面中绘制一条曲线，如图 2.73 和图 2.74 所示。

图 2.73 钢笔绘制曲线

图 2.74 曲线效果

（3）在新建图层的预览图中按 Ctrl + 鼠标右键，为曲线建立选区，然后在"编辑"中单击定义画笔预设，将画出的线条定义为画笔，大小为 520 像素，角度为 0°，圆度为 100%，间距为 7%，如图 2.75 和图 2.76 所示。

（4）设置完效果后，就可以按照自己喜欢的颜色来动手制作，可以选择不同的颜色、不同的大小，如图 2.77 和图 2.78 所示。

图 2.75　"画笔笔尖形状"参数设置

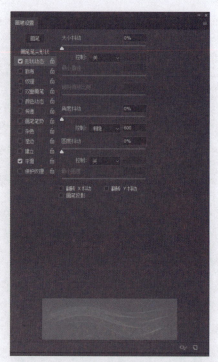

图 2.76　"画笔形状动态"参数设置

图 2.77　线条蓝色效果

图 2.78　线条粉色效果

（5）在图层控制面板上单击"新建图层"按钮 ▣，全选（快捷键 Ctrl + A），填充黑色（快捷键 Ctrl + Delete），取消选区（快捷键 Ctrl + D）再新建一个图层用于画线条，海报背景如图 2.79 所示。

图 2.79　海报背景

（6）画出自己心仪的线条，在图层控制面板上右击图层，选择"混合选项"，选择描边、外发光为线条赋予更多的科技感。描边大小为 109 像素，位置为内部，混合模式为正常，不透明度为 65%，勾选叠印，填充颜色为 RGB（255，0，0）；外发光混合模式为正常，不透明度为 14%，杂色为 0%，颜色为 RGB（214，23，23），方法为精确，扩展为 10%，大小为 29 像素，消除锯齿，范围为 54%，抖动为 27%，如图 2.80～图 2.82 所示。

图 2.80　科技感线条

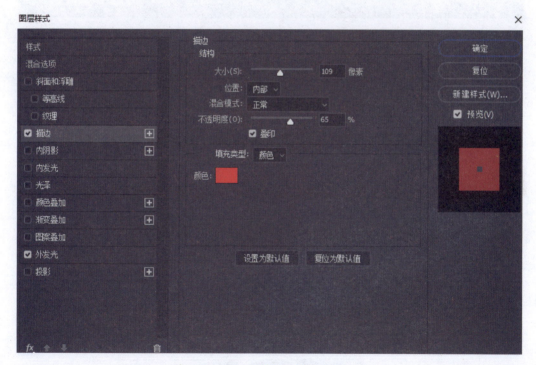

图 2.81　"描边"参数设置

（7）在工具栏上单击文字工具 T，单击画面，输入想要的文字，将其置于（X：1 244.9 像素，Y：948.3 像素）处；在图层控制面板上按住 Alt 键，使用鼠标左键拖动文字向下复制一层，单击操作栏中的"滤镜"→"模糊"→"高斯模糊"，半径选择 20，再复制一层，继续添加高斯模糊，半径选择 40，科技感海报就完成了，效果如图 2.83 所示。

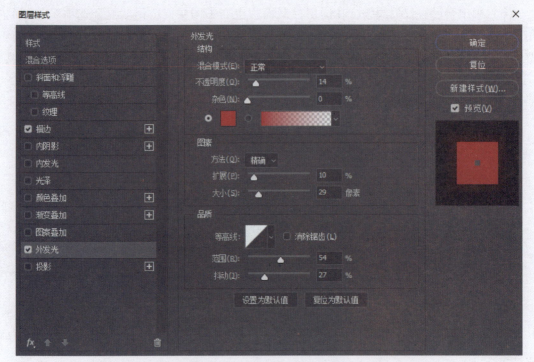

图 2.82 "外发光"参数设置

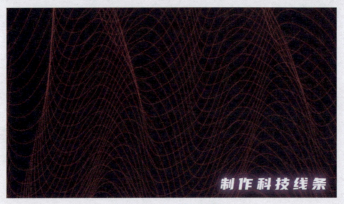

图 2.83 文字发光效果

七、课后任务

（1）使用形状工具、选区工具和填充工具等绘制小熊。效果如图 2.84 所示。

图 2.84 绘制小熊效果

（2）使用路径工具制作绚丽图形，效果如图2.85所示。（提示：选择"椭圆工具"，选择模式为"路径"。复制椭圆"路径"，按快捷键Ctrl+T，调整旋转中心到参考线中心，旋转10度，绘制如图2.86所示椭圆。接着按快捷键Ctrl+Shift+Alt+t若干次，直至形成一个圆形为止，描边路径，如图2.87所示。）

　　　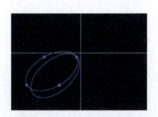　　　

图2.85　椭圆路径　　　　图2.86　复制并旋转椭圆"路径"　　　　图2.87　描边路径效果

八、任务工单

实施工单过程中填写如下工作日志。

工作日志

日期	工作内容	问题及解决方式

完成人：　　　　　　　　　　　　　日期：

匠心筑梦纪

设计价值——　　　　　沟通的艺术——
美观与功能的平衡　　　审美共识的桥梁

九、任务总结

完成上述任务后，填写下列任务总结表。

任务总结表

完成人：   日期：

十、考核评价

填写项目评价表。

项目评价表

评分项	优秀要求	分值	备注	自评	他评
项目资讯	能够准确解答与绘图工具使用、路径生成、对象变换等相关的技术和知识点问题	2	错误一项扣 0.5 分，扣完为止		
项目实施	依照任务实施要求圆满完成操作任务	4	错误一项扣 0.5 分，扣完为止		
项目拓展	按照要求完成课后任务	2	错误一项扣 0.5 分，扣完为止		
其他	工作日志和任务总结表填写详细，能够反映实际操作过程	2	没有填或者太过简单，每项扣 0.5 分		

完成人：   日期：

情境二

重塑光影世界

　　数码照片是数字化的摄影作品，通常指采用数码相机进行创作的摄影作品，利用 Photoshop 等软件可以对数码照片进行功能强大的后期处理。本情境通过三个项目深度学习数码照片处理的知识与技能，主要包括：项目一介绍小米小朋友照片的抠像、合成、美化；项目二学习小芳和同事旅游的不满意照片的修正，包括纠正倾斜照片、巧修曝光问题照片、消除照片中的多余杂物；项目三介绍 Kelly 近来用 Photoshop CC 2022 及以上版本实现了巧换乾坤，让自己的照片背景总是蓝天白云，同时自己也实现了不同角色的扮演。

项目三

照片合成美化演绎

本项目包括两个任务：合成梦幻天使之翼；打造光影魔术照片。

一、项目情境

现在社会上有很多影楼，专门为宝宝拍摄照片，他们有专业的摄影师、有很美丽的背景，当然还配备了一些可爱、卡通的衣服、道具，准备这些设备的目的就是为了拍出来的照片与众不同，但是去影楼拍照一来很花费钱，二来那里的衣服道具也不是很卫生，小朋友免疫力差，容易感染疾病，而且，他们拍出来的照片也是要经过后期处理才有好的效果。

小米是位很可爱的小朋友，也是位很爱幻想的小精灵，总想着自己能有着一些与众不同的照片，上次和妈妈去参加阿姨的结婚典礼，看到花童背了个天使的小翅膀，羡慕的不得了，也想着看到自己背上翅膀是什么样子，老缠着妈妈给买一对，妈妈觉得太浪费了就想着给宝贝合成一个照片，我们用 Photoshop 给小米圆梦，我们的公司正在招聘一名熟练使用 Photoshop 的照片合成和美化师，负责对照片进行合成、修饰和美化的工作，不知道能否满足妈妈和小米的这个意愿呢！

二、项目描述

在制作儿童摄影作品时，应注重儿童与场景的和谐搭配，以及造型与色彩的流畅过渡，确保照片整体效果的自然融合。技术上，推荐使用蒙版操作来保护原始图像，并便于后续修改。在创作前，需先构思一个清晰的创意方向，然后根据这一方向精选素材，进行合成，同时确保素材间的视觉一致性。

三、项目分析

本项目涉及三个方面的图片处理：抠图与合成、修饰和美化、艺术创意和视觉效果。

抠图与合成：将不同图片中的人物或物体提取出来，精确地放入另一个场景中，形成一个完整的图片。需要掌握 Photoshop 的图层蒙版、选区工具和调整图层等技术，让合成后的图片看起来更自然、更协调。

修饰和美化：对照片进行色彩、对比度、色调和饱和度的调整，清除瑕疵，增强细节和清晰度，对人物肤色进行润色等操作，提升照片的视觉效果和吸引力。

艺术创意和视觉效果：在照片合成和美化的基础上，为照片增添独特的风格和视觉效果，如涂鸦、纹理、光影效果等。

设计师的故事

流派篇：百花齐放，独领风骚——设计之旅，邀您扫码共赏。

中国平面设计
之流派

四、项目资讯

1. 什么是通道？
2. 什么是蒙版？
3. 通道主要用在什么地方？
4. 蒙版有哪些类型？分别用在什么地方？

五、知识准备

本项目知识图谱如图 3.1 所示。

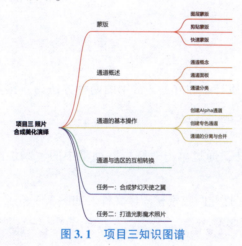

图 3.1　项目三知识图谱

3.1　蒙版

在 Photoshop 中，蒙版是一种控制图像显示或隐藏区域的工具，它允许用户选择性地隐藏或保护图像的特定部分。蒙版是图像合成的关键技术，以其非破坏性的特点，为 Photoshop 的多功能性增添了极大的魅力。通过蒙版，可以实现图像的无缝合成。

蒙版分为图层蒙版、矢量蒙版、剪贴蒙版、快速蒙版。

3.1.1　图层蒙版

视界工坊

图层蒙版可以解为在当前图层上面覆盖一层玻璃片，这种玻璃片分为白色透明的、黑色不透明的、灰色半透明的三种，前者显示全部，后者隐藏部分。然后用各种绘图工具在蒙版上（即玻璃片上）涂色（只能涂黑、白、灰色），蒙版中涂黑色的地方与图层对应位置的像素变为透明；涂白色的地方则与图层对应位置的像素不透明度为 100%。如单击颜色面板右上方的下拉菜单 ▤，选择

葵花宝宝

"灰度滑块"，分别调整灰度值为0、30%、70%、100%，在图层蒙版上分别用矩形选框工具绘制矩形，填上不同的灰度颜色，则与图层对应位置的像素呈现不同程度透明。透明的程度由涂色的灰度深浅决定，如图3.2所示。

  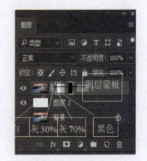

图3.2　图层蒙版

拓展视频：蒙版

链接地址：蒙版介绍

1. 创建图层蒙版

创建Photoshop图层蒙版有多种方法，常用的两种方法为直接创建图层蒙版和利用选区创建图层蒙版。

1）直接创建图层蒙版

这是使用最频繁的方法，通过单击"图层"面板中的"添加图层蒙版"按钮，即可创建图层蒙版。

（1）按快捷键Ctrl+O打开两幅素材图像文件，如图3.3所示。

图3.3　两幅素材图像

（2）在"图层"面板中选择要添加图层蒙版的图层，单击"添加图层蒙版"按钮，可以为所选图层创建图层蒙版（白色显示底层图像，黑色隐藏底层图像），如果按住Alt键的同时单击"添加图层蒙版"按钮，则创建后的图层蒙版中填充色为黑色，如图3.4所示。

2）利用选区创建图层蒙版

（1）利用工具箱中的"套索工具" ⬤ 在当前蝴蝶图层创建选区，如图 3.5 所示。

（2）在菜单栏中选择"图层"→"图层蒙版"命令，在弹出的子菜单中选择相应的命令，分别为显示全部、隐藏全部、显示选区、隐藏选区和从透明区域命令；选择"显示选区"命令，创建的图层蒙版如图 3.6 所示，得到的图像效果如图 3.7 所示。

图 3.4　创建图层蒙版

图 3.5　创建选区

图 3.6　图层蒙版

图 3.7　图像效果

2．图层蒙版操作

Photoshop 图层蒙版被创建后，用户还可以根据系统提供的不同方式管理图层蒙版。常用的方法有查看、停用/启用、删除、链接、编辑。

（1）查看 Photoshop 图层蒙版：按住 Alt 键的同时在"图层"面板中单击图层蒙版缩览图，即可进入图层蒙版的编辑状态；再次按住 Alt 键单击图层蒙版缩览图，即可回到图像编辑状态。

（2）停用/启用 Photoshop 图层蒙版。

如果要查看添加了图层蒙版的图像原始效果，可暂时停用图层蒙版的屏蔽功能，按住 Shift 键的同时在图层蒙版上单击即可，或者在"图层"面板中单击鼠标右键，选择"停用图层蒙版"选项，图层蒙版状态如图 3.8 所示，为停用状态。再次按住 Shift 键单击或在"图层"面板上单击"启用图层蒙版"选项，可恢复图层蒙版。

（3）删除 Photoshop 图层蒙版。

如果不需要图层蒙版，可直接将其拖至 Photoshop "图层"面板中的"删除图层"按钮上 🗑，在弹出的对话框中单击"删除"按钮即可，或者在图层蒙版上单击鼠标右键，选择"删除蒙版"选项。

（4）链接 Photoshop 图层蒙版。

默认情况下，图层与图层蒙版是链接状态，如果需要取消链接，单击图层和蒙版缩览图中间的"链接"按钮 🔗 即可。当图层与图层蒙版处于链接状态时，移动图层时，图层蒙版也随着移动；当取消链接时，图层蒙版不随着图层的移动而移动。

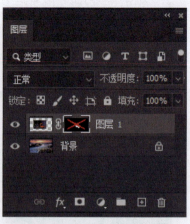

图 3.8 "停用图层蒙版"选项

（5）编辑 Photoshop 图层蒙版。

编辑图层蒙版就是依据需要显示及隐藏的图像，使用适当的工具来决定蒙版中哪一部分为白色，哪一部分为黑色。

选择工具箱中的"画笔工具" ✏️，设置好笔刷大小；设置前景色为"黑色"，在上述图像窗口中的蝴蝶图像边缘进行涂抹（放大图像，发现边缘有好多背景色，要去掉背景色），得到如图 3.9 所示效果。

图 3.9 蝴蝶图像实现抠图效果

3. 更改图层蒙版的浓度

蒙版边缘生硬，Photoshop CS4 以上版本有边缘羽化和浓度的调整命令，可以让边缘比较柔和。

（1）在 Photoshop 中，新建 18 cm × 27 cm，72 dpi 文档，选择渐变工具，调整渐变颜色左端为 RGB（#506448）、右端为 RGB（#2b2e35），如图 3.10 所示。使用线性渐变填充背景色，如图 3.11 所示。

图 3.10　渐变编辑器

图 3.11　线性渐变填充背景色

（2）按快捷键 Ctrl + O 打开素材文件，按快捷键 Ctrl + T 调整其位置和大小，如图 3.12 所示。

（3）选择图层 0，选择椭圆选框工具 ，对猴子头部绘制选区，如图 3.13 所示。单击图层面板下方的"添加矢量蒙版"按钮 ，给图层 1 添加蒙版，如图 3.14 所示。

图 3.12　素材图像

图 3.13　绘制选区

（4）在图层蒙版缩览"属性"面板中调整其浓度和羽化值，如图 3.15 所示（如果没有显示，单击"窗口"→"属性"），浓度越高，边上的渐隐越看不见，羽化越高，边上越柔和。效果如图 3.16 所示。

4. 载入图层蒙版中的选区

（1）选择未被蒙版遮盖的图层上的非透明区域，按住 Ctrl 键，并单击"图层"面板中的图层蒙版缩览图，如图 3.17 所示。

图 3.14　添加矢量蒙版

图 3.15　图层蒙版缩览"属性"面板

图 3.16　边缘羽化效果

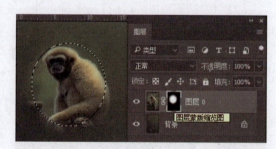

图 3.17　蒙版选区

（2）如果图层中已存在一个选区，则可以执行下列操作：

①要向现有选区添加像素，按住快捷键 Ctrl + Shift，并单击"图层"面板中的图层蒙版缩览图。

②要从现有选区中减去像素，按住快捷键 Ctrl + Alt，并单击图层蒙版缩览图。

③要载入像素和现有选区的交集，按住快捷键 Ctrl + Alt + Shift，并单击图层蒙版缩览图。

3.1.2　剪贴蒙版

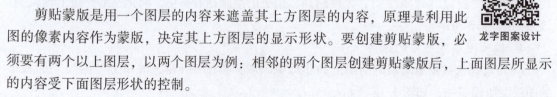

龙字图案设计

剪贴蒙版是用一个图层的内容来遮盖其上方图层的内容，原理是利用此图的像素内容作为蒙版，决定其上方图层的显示形状。要创建剪贴蒙版，必须要有两个以上图层，以两个图层为例：相邻的两个图层创建剪贴蒙版后，上面图层所显示的内容受下面图层形状的控制。

注意：剪贴蒙版中只能包括连续图层。蒙版中的基底图层名称带下划线，上层图层的缩略图是缩进的。

（1）新建一个空白文档，使用"横排文字工具"在图像窗口中输入文字，并设置格式，如图3.18所示。

图3.18　输入文字

（2）按快捷键Ctrl+O打开一幅科技图像文件。使用"移动工具"将科技图像拖入文字图像窗口，并调整合适的位置，如图3.19所示。图层的位置如图3.20所示。

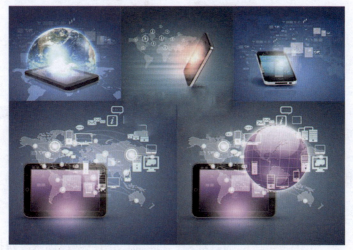

图3.19　科技图像

（3）在"图层"面板中选择图层0，按住Alt键，将鼠标指针放在分隔"图层0"和"科技世界"文字图层这两个图层之间的线上，当指针变成 图标时，单击鼠标，即可创建剪贴蒙版，如图3.21所示。

图3.20　图层的位置

图3.21　创建剪贴蒙版

创建剪贴蒙版的方法还有：

①选择 Photoshop 菜单栏中的"图层"→"创建剪贴蒙版"命令。

②使用快捷键 Alt + Ctrl + G。

创建剪贴蒙版后的图像效果如图 3.22 所示。

图 3.22　效果

（4）取消剪贴蒙版的方法。

①在 Photoshop "图层"面板中选择"图层 1"，在按住 Alt 键，将鼠标指针放在分隔 "图层 0"和"科技世界"文字图层这两个图层之间的线上，当指针变成 图标时，单击 鼠标，即可取消剪贴蒙版。

②选择 Photoshop 菜单栏"图层"→"释放剪贴蒙版"命令。

③再次使用快捷键 Alt + Ctrl + G。

3.1.3　快速蒙版

"快速蒙版"是一个编辑选区的临时环境，可以辅助用户创建选区。快捷键为 Q。

（1）使用快速蒙版工具对 Photoshop 图像中的部分内容进行选取。打开两幅素材图像放 在一个文件夹中，如图 3.23 所示。

（2）按快捷键 Ctrl + J 复制并新建一个图层，单击工具箱中的"以快速蒙版模式编辑" 或按快捷键 Q，进入快速蒙版。选择工具箱中的"画笔工具"，设置合适的画笔大小，在 需要选择的主题区域人物上进行来回涂抹，如图 3.24 所示。

图 3.23　素材图像

图 3.24　快速蒙版涂抹效果

（3）红色所覆盖区域，即表示该区域图像为受保护状态，也就是选区以外的区域。在涂抹过程中，根据需要调整画笔大小。

（4）涂抹完毕后，再次按快捷键 Q，或单击工具箱中的"以标准模式编辑"按钮 ，进入"标准编辑"模式。可以看到图像中产生了选区，涂抹区域为选区以外的区域。

小技巧

可反复按快捷键 Q，切换"以快速蒙版模式编辑"与"以标准模式编辑"编辑状态，当前景色设置为黑色时，在图像中涂抹，可增加蒙版选区；当前景色设置为白色时，在图像中涂抹，可减少蒙版选区。如此反复对快速蒙版选区进行调整，直到使用快速蒙版工具创建出合适选区。

（5）按快捷键 Ctrl + Shift + I 反选，得到孩子选区，如图 3.25 所示。

图 3.25　孩子选区

（6）这时可以对选区进行编辑等操作。按快捷键 Ctrl + J 复制选区内容，如图 3.26 所示。隐藏图层 1，按快捷键 Ctrl + T 适当缩小孩子图像。最终效果如图 3.27 所示。

图 3.26　复制选区内容

图 3.27　最终效果

视界工坊

通道抠长发

3.2 通道概述

3.2.1 通道的概念

在 Photoshop 中，通道是图像文件的一种颜色数据信息存储形式，它与 Photoshop 图像文件的颜色模式密切关联，多个分色通道叠加在一起可以组成一幅具有颜色层次的图像。

从某种意义上来说，通道就是选区，也可以说通道就是存储不同类型信息的灰度图像。一个通道层同一个图像层之间最根本的区别在于：Photoshop 图像的各个像素点的属性是以红、绿、蓝三原色的数值来表示的，而通道层中的像素颜色是由一组原色的亮度值组成。通俗地说，通道是一种颜色的不同亮度，是一种灰度图像。

利用通道可以将勾画的不规则选区存储起来，将选区存储为一个独立的通道层，需要选区时，就可以方便地从通道中将其调出。

3.2.2 "通道" 面板

"通道" 面板可用于创建和管理通道。该面板列出了图像中的所有通道，包括颜色通道、Alpha 通道和专色通道。通道内容的缩略图显示在通道名称的左侧，在编辑通道时，会自动更新缩略图。

在 Photoshop 菜单栏单击选择 "窗口"→"通道" 命令，即可打开 "通道" 面板。在面板中将根据图像文件的颜色模式显示通道数量。

图 3.28 和图 3.29 所示分别为 RGB 颜色模式通道和 CMYK 颜色模式通道。

图 3.28　RGB 颜色模式通道

图 3.29　CMYK 颜色模式通道

在 Photoshop 的 "通道" 面板中可以通过直接单击通道选择所需通道，也可以按住 Shift 键单击选中多个通道。所选择的通道会以高亮的方式显示，当用户选择复合通道时，所有分色通道都将以高亮方式显示。

"通道" 面板如图 3.30 所示。

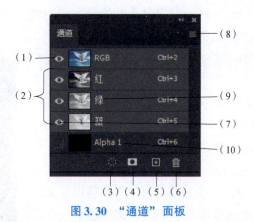

图 3.30　"通道"面板

（1）复合通道。RGB 颜色通道为复合通道，用于显示各种通道颜色叠加后的整体画面效果。

（2）专色通道。"红""绿""蓝"通道为原色通道，原色通道表示各色系在图像中的分布及浓度的大小。分别单击"红""绿""蓝"通道，对这些通道进行观察，在 RGB 模式下，暗色区域表示该色缺失，亮色区域表示该色存在。

（3）"将通道作为选区载入" ▒：单击该按钮，可以将通道中的图像内容转换为选区；按住 Ctrl 键单击通道缩览图也可将通道作为选区载入。

（4）"将选区存储为通道" ▣：单击该按钮，可以将当前图像中的选区以图像方式存储在自动创建的 Alpha 通道中。在按下 Alt 键的同时单击此按钮，会出现是否把当前选区储存为蒙版的提示框。

（5）"创建新通道" ▣：单击该按钮，即可在"通道"面板中创建一个新通道。

（6）"删除当前通道" ▥：单击该按钮，可以删除当前用户所选择的通道，但不能删除图像的原色通道。

（7）"指示通道可见性" ◉。单击此图标，使通道不显示，可以关闭这一通道在图像中的可视性。再次单击使其显示，可将可视性打开。

（8）单击"通道"面板右上角的 ▤ 按钮，可打开"通道"面板菜单，选择相应的命令，对通道进行操作，如图 3.31 所示。

图 3.31　"通道"
面板菜单

![拓展]

只要以支持图像颜色模式的格式存储文件，就会保留颜色通道。只有以 Photoshop、PDF、PICT、Pixar、TIFF 或 Raw 格式存储文件时，才会保留 Alpha 通道。

当要显示或隐藏多个通道时，在"通道"面板的"指示通道可见性"图标 ◉ 列中按住鼠标左键不放并且上下拖动即可。

通道菜单几乎包含了所有通道操作的命令。

指示通道可见性：单击该区域，可以显示或隐藏当前通道。当眼睛图标 👁 显示时，表示显示当前通道；当眼睛图标消失时，表示隐藏当前通道。

通道缩览图：显示当前通道的内容，可以通过缩览图查看每一个通道的内容。

图 3.32 "通道面板选项"对话框

在"通道"面板菜单中单击"面板选项"命令，可以打开"通道面板选项"对话框，如图 3.32 所示。

在对话框中可以修改缩览图的大小。

（9）通道名称：显示通道的名称。

在"通道"面板中，单击一个通道即可选择该通道，文档窗口中也会显示所选通道的灰度图像，如图 3.33 所示。

按住 Shift 或 Ctrl 键单击其他通道，可以选择多个通道，此时窗口中会显示所选颜色通道的复合信息，如图 3.34 所示。

通道名称的左侧显示了通道内容的缩览图，在编辑通道时，缩览图会自动更新。单击 RGB 复合通道，可以重新显示其他颜色通道，如图 3.35 所示。

图 3.33　选择单通道及灰度图像

图 3.34　选择多个通道及其复合图像

图 3.35　选择 RGB 复合通道及对应图像

此时可以同时预览和编辑所有颜色通道。

3.2.3　通道分类

Photoshop 中包含 4 种类型的通道，分别是颜色通道、Alpha 通道、专色通道和临时通道。

3.3　通道的基本操作

3.3.1　创建 Alpha 通道

Alpha 通道用于将选区存储为灰度图像。可以添加 Alpha 通道来创建和存储蒙版，这些蒙版用于处理或保护图像的某些部分。

（1）打开一个图像文件，显示 RGB 颜色通道，如图 3.36 所示。

图 3.36　RGB 颜色通道

（2）在"通道"面板菜单中单击"新建通道"命令，打开"新建通道"对话框，如图 3.37 所示。

图 3.37　"新建通道"对话框

如果单击"通道"面板底部的"创建新通道"按钮 ▣，则会直接创建 Alpha 通道。

名称：在右侧的文本框中输入通道的名称。如果不输入，Photoshop 会自动按顺序命名为 Alpha 1、Alpha 2、…。

被蒙版区域：选择该单选按钮，可以使新建的通道中，被蒙版区域显示为黑色，选择区域显示为白色。

所选区域：选择该单选按钮，可以使新建的通道中，被蒙版区域显示为白色，选择区域显示为黑色。

颜色：单击下方的颜色块，可以打开"拾色器（通道颜色）"对话框，在该对话框中可以选择通道要显示的颜色；也可以单击右侧的"颜色库"按钮，在"颜色库"对话框中设置通道要显示的颜色。

不透明度：在该文本框输入一个数值，通过它可以设置蒙版颜色的不透明度。

（3）在对话框中设置好选项以后，单击"确定"按钮，即可创建一个 Alpha 通道，如图 3.38 所示。

图 3.38　创建 Alpha 通道

图 3.38 中，将 RGB 通道设置为显示，可以显示全部图像内容，而将新建的 Alpha 1 通道隐藏起来，则可以显示原始图像的效果。

（4）将 Alpha 1 通道设置为显示，将颜色设置为红色，将不透明度的值设置为 50%。效果如图 3.39 所示。

图 3.39　Alpha 1 通道

双击 Alpha 1 通道的缩览图，打开"通道选项"对话框，可以修改通道的各个选项。

拓展

Alpha 通道与图层看起来相似，但区别却非常大。Alpha 通道可以随意增减，这一点类似于图层功能，但 Alpha 通道不是用来存储图像而是用来保存选区的。

3.3.2　创建专色通道

专色通道用于存储印刷用的专色。

通常情况下，专色通道都是以专色的名称来命名的。

创建专色通道的方法有两种：一种是创建新的专色通道；另一种是将现有的 Alpha 通道转化为专色通道。

重命名、复制和删除通道同图层操作。

扫码学习通道分离与合并技术和通道与选区的互换技巧。

知识驿站

知识驿站

通道的分离与合并　　　通道与选区的互相转换

六、项目实施

任务一：合成梦幻天使之翼

第一部分：天使翅膀抠图

首先找一张鸟儿展翅的图片，最好背景比较简单，以便我们提取翅膀原型（如图 3.40 所示）。找到合适的照片后，用裁切工具先把比较完整的一只翅膀裁切下来。接下来就是一点点的翅膀处理工作。

图 3.40　提取翅膀

　　观察裁剪下来的翅膀图片，如果用魔棒工具直接选择翅膀所在的区域，不但比较麻烦，而且边缘会产生比较死板的锯齿效果，因此这里我们采用通道来处理。因为利用通道可以准确过滤掉图片当中不需要的信息和元素。

　　观察红、绿、蓝 3 个通道，红通道当中的翅膀与背景对比最为明显，那么就复制红通道为红副本通道。如图 3.41 所示。

图 3.41　复制通道

　　依据画笔的原理，我们对图片采用反色处理（按 Ctrl + I），把翅膀变为黑色，背景变为白色，然后按 Ctrl + L 适当调整色阶，加强对比度，在得到一个完整翅膀图形后（如图 3.42 所示），执行"编辑"→"定义画笔预设"命令打开画笔名称对话框，将名称自定义为"天使翅膀"，就完成了自定义画笔的步骤。

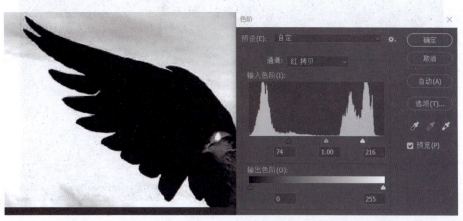

图 3.42　翅膀画笔

第二部分：天使照片合成与美化

　　打开小公主的照片，下面就开始为我们可爱的小公主添加翅膀了。在使用自定义的天使翅膀画笔前，可以先调整画笔到合适的大小，再新建一个图层，在合适的位置点一下，就可以看到一只天使的翅膀了。另外一只翅膀可以复制当前翅膀所在的图层，然后水平翻转，再将翅膀移动到合适的位置，做出对称的效果就可以了，如图 3.43 所示。

　　为了让翅膀与小女孩肩膀衔接得更自然，我们可以为翅膀图层添加图层蒙版，然后用柔角画笔在肩膀和翅膀的接合处刷几下，如图 3.44 和图 3.45 所示，并将翅膀的不透明度适当降低，使其融入背景，完成小天使翅膀的合成。

图 3.43　画笔面板

图 3.44　给天使加翅膀

图 3.45　合成效果

虽然有了翅膀，但是整张图片还缺乏动感，少了一点灵气。我们可以给照片添加一些梦幻的光点，增加照片的梦幻感觉，再给照片做一些相框，想知道怎么实现吗？请扫码学习吧。

最后效果如图 3.46 所示。

视界工坊

天使照片
光点和相框

图 3.46　梦幻天使之翼效果

我们主要给大家介绍了如何自定义画笔、如何使用自定义画笔以及通道的相关知识和方法。利用这些方法我们不但可以绘制天使的翅膀，还可以绘制蝴蝶的翅膀和其他漂亮的图案等，另外，我们还可以将自定义的画笔全部保存起来，以备今后使用。这里我们重点推荐大家多多熟悉蒙版的使用，因为蒙版操作不但方便快捷，而且便于修改。

任务二：打造光影魔术照片

第一部分：素材的处理

（1）打开素材文件，打开电脑素材 . jpg，如图 3.47 所示。

（2）用钢笔工具沿着电脑的边缘把电脑抠出来，然后按住 Ctrl + 回车键，让路径变为选区，单击鼠标右键，通过拷贝的图层，生成新的图层，如图 3.48 所示，另存为电脑素材 . psd备用。

图 3.47　电脑素材

图 3.48　电脑素材

（3）打开手素材 .jpg，如图 3.49 所示。

图 3.49　手素材

（4）用钢笔工具沿着手的边缘把手抠出来，然后按住 Ctrl + 回车键，让路径变为选区，单击鼠标右键，通过拷贝的图层，生成新的图层，如图 3.50 所示，另存为手素材 .psd 备用。

图 3.50　手素材

第二部分：海报设计

（1）新建一个 21 cm×17 cm，分辨率为 300 dpi，色彩模式为 RGB 的文档。

（2）按一下键盘 D 键，让前景色变为黑色，然后新建一个空白图层，按 Alt + Delete 填充前景色。

（3）打开电脑素材.psd文件，将抠好的电脑素材拖入画面中，保留右边的电脑，放置画面合理的位置，如图3.51所示。

图 **3.51** 电脑素材

（4）打开电路板.jpg，将电路板画面拖入画面中，放置画面合理的位置。具体图层设置如图3.52所示，效果如图3.53所示。

图 **3.52** 图层

图 **3.53** 中间效果

为了让背景的电路板看起来不是那种没有变化的感觉，我们需要将电路板背景做得有变化。

（5）我们将电路板图层做一个蒙版，选择渐变工具的径向渐变，如图3.54所示。

将渐变工具的光标放在画面电脑的左侧，如图3.55所示，按住鼠标往画面的右上角拉，并释放。这样的话看起来背景有变化不单调。

（6）下面我们制作一个水波纹。新建一个10 cm×10 cm，分辨率为300 dpi，色彩模式为RGB的文档。前景色设置为RGB（164：164：164），背景白色。选择渐变工具的线性渐变，在画面上从左往右拉，效果如图3.56所示。

（7）选择菜单栏"滤镜"→"扭曲"→"水波"，水波具体的设置如图3.57所示。水波纹效果如图3.58所示。文件名保存为水波纹.psd。

图 3.54　径向渐变效果

图 3.55　径向渐变图层

图 3.56　线性渐变效果

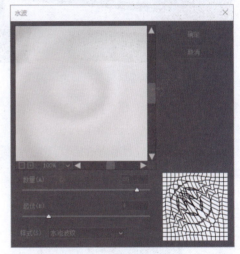

图 3.57　水波纹参数设置

图 3.58　水波纹效果

（7）下面我们将水波纹拖入到电脑的画面中，将水波纹这个图层转为智能对象，选择水波纹图层，然后按 Ctrl + T 键，拖动画面让水波纹无缝覆盖电脑桌面，如图 3.59 所示。

（8）下面我们再打开抠好的手素材.psd，将手拖入到电脑的画面中，放置合适的位置，如图 3.60 所示。

图 3.59　水波纹覆盖电脑桌面效果

图 3.60　手素材拖入画面

（9）为了让手和水波纹更好地融合，我们需要将手做个蒙版，如图 3.61 所示。

（10）下面我们选择工具栏画笔工具。具体设置如图 3.62 所示，画笔设置好了以后，我们将画笔光标放置在手的最右边，慢慢地擦拭，目的是让手融入到水波纹中去。最终效果如图 3.63 所示。

图 3.61　手图层添加蒙版

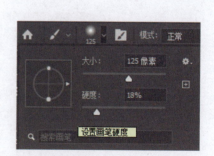

图 3.62　画笔工具属性设置

（11）选择工具栏文字工具，在画面的左上角键入文字："科技沟通世界，智能连接未来"，如图 3.64 所示。

（12）海报最终效果如图 3.65 所示。

图 3.63　手融入到水波纹效果

图 3.64　"添加文字"

图 3.65　海报最终效果

七、课后任务

（1）利用蒙版进行图片合成，让老虎奔跑在花丛中，素材如图 3.54 和图 3.55 所示。效果自由发挥，整体画面协调为宜。

（2）用蒙版将素材图 3.56 和图 3.57 进行合成，效果如图 3.58 所示。

图 3.54　素材 1

图 3.55　素材 2

图 3.56　素材 1

图 3.57　素材 2

图 3.58　合成效果

八、任务工单

实施工单过程中填写如下工作日志。

工作日志

日期	工作内容	问题及解决方式

匠心筑梦纪

模仿与超越——
设计师的成长之路

艺术与社会——
大众审美与设计引领

九、任务总结

完成上述任务后，填写下列任务总结表。

任务总结表

十、考核评价

填写项目评价表。

项目评价表

评分项	优秀要求	分值	备注	自评	他评
项目资讯	能够精确解答本项目中关于通道与蒙版的应用知识及技能问题	2	错误一项扣 0.5 分，扣完为止		
项目实施	按照要求完成本项目任务的操作	4	错误一项扣 0.5 分，扣完为止		
项目拓展	按照要求完成课后任务	2	错误一项扣 0.5 分，扣完为止		
其他	工作日志和任务总结表填写详细，能够反映实际操作过程	2	没有填或者太过简单，每项扣0.5分		

完成人：　　　　　　　　　　　　日期：

项 目 四

数码照片修正完善

本项目包括三个任务：精准校正倾斜照片；调控曝光优化光影；精细移除照片杂物。

一、项目情境

小芳和同事一起去旅游，拍了很多照片，因为是好几个同事一起互相拍，各人拍照水平不同，所以有些照片效果不佳，却又很有意境和感觉，小芳把这些照片提取出来，希望能用Photoshop进行后期处理。从而达到想要的效果。

二、项目描述

随着生活水平的提高，人们喜欢用照相机记录旅游或特殊日子的美好时刻。但是，自己或朋友互相拍摄的照片往往存在一些缺陷。

通过使用 Photoshop 进行照片修正，能够解决照片中的常见问题，并提升照片的质量和视觉效果。

三、项目分析

本项目主要是对照片进行修正，包括修正倾斜照片、曝光不足照片、画面有杂物照片等，通过处理，使照片达到想要的效果，留住记忆中的美好。

修正倾斜照片：如果照片的水平或垂直线条不平直，可以使用裁剪工具和直线工具来调整照片的角度和比例，使照片看起来更加平衡和稳定。

修正曝光不足照片：如果照片的亮度或对比度不够，可以使用曲线工具和色阶工具来调整照片的亮度和对比度，使照片看起来更加明亮和清晰。

修正画面有杂物照片：如果照片中有一些不想要的物体或人物，可以使用修复画笔工具和内容感知填充工具来删除照片中的杂物，使照片看起来更加干净和整洁。

设计师的故事

陈幼坚：跨界大师，演绎设计传奇。邀您扫码，共赴学习之旅，探索中西合璧的无限可能。

简约之巅·韩家英的自然人文交响乐章，诚邀您扫码，共赴学习盛宴，聆听设计界的华美旋律。

陈幼坚的设计传奇

韩家英的设计艺术

四、项目资讯

1. 裁剪工具有哪些功能？如何使用？

2. 图像修饰工具有哪些？如何使用？

3. 图像修复工具有哪些？如何使用？

五、知识准备

本项目知识图谱如图 4.1 所示。

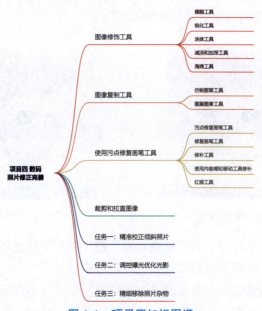

图 4.1　项目四知识图谱

掌握裁剪工具的使用，学会用图章和修复工具对图片进行修补，通过合理调整工具的各个选项来修复照片。

4.1　图像修饰工具

"模糊工具" 的作用是降低图像画面中相邻像素之间的反差，可以使图片产生模糊的效果。使用方法：选择这款工具，在属性栏设置相关属性，主要是设置笔触大小及强度，然后在需要模糊的部位涂抹即可，涂抹得越久，涂抹后的效果越模糊。

在工具箱中单击 "模糊工具" 按钮 ，出现如图 4.2 所示的属性栏。

图 4.2 "模糊工具" 属性栏

各选项的含义如下。

"画笔"选项。用于设置模糊的大小。

"模式"选项。用于设置像素的混合模式，有正常、变暗、变亮、色相、饱和度、颜色和亮度七个选项。

"强度"选项。用于设置图像处理的模糊程度。选项文本框中的百分比数值越大，模糊效果越明显。

"对所有图层取样"选项。选中该选项，则将模糊应用于所有可见图层，否则，只应用于当前图层。

（1）按快捷键 Ctrl + O 打开一幅素材图像，如图 4.3 所示。

（2）选择 Photoshop 工具箱中的"椭圆选择工具"，在猫头上绘制选区，如图 4.4 所示，按快捷键 Ctrl + Shift + I 反向选区，效果如图 4.5 所示。

图 4.3　素材图像　　　　　　　　　　图 4.4　绘制选区

（3）选择 Photoshop 工具箱中的"模糊工具" ，在其工具选项栏中设置合适的笔触大小，设置强度为 100%。强度值设置得越大，图像越模糊。

（4）在 Photoshop 图像窗口中的选区内按住鼠标左键进行多次涂抹。涂抹完毕后，按快捷 Ctrl + D 取消选择，可得到背景模糊，凸显猫脸的图像，如图 4.6 所示。

图 4.5　反向选区　　　　　　　　　　图 4.6　边缘模糊效果

小提示

"模糊工具"具有类似于喷枪可持续作用的特性，也就是说，鼠标在一个地方涂抹的时间越久，这个地方被模糊的程度就越强。

扫码学习锐化工具的使用。

知识驿站

锐化工具

扫码学习涂抹工具的使用、使用减淡与加深工具的技巧和海绵工具的使用方法。

知识驿站　　　　知识驿站　　　　知识驿站

海绵工具　　　　减淡和加深工具　　　　涂抹工具

4.2　图像复制工具

4.2.1　仿制图章工具

"仿制图章工具"可以将一幅图像的选定点作为取样点，将该取样点周围的图像复制到同一图像或另一幅图像中。仿制图章工具也是专门的修图工具，可以用来消除人物脸部斑点、背景部分不相干的杂物、填补图片空缺等。使用方法：选择这款工具，在需要取样的地方按住 Alt 键取样，然后在需要修复的地方涂抹就可以快速消除污点。在属性栏调节笔触的混合模式、大小、流量等，更为精确地修复污点。选中"对齐"选项，可以对图像连续取样，不会丢失当前设置的参考点位置，取消此选项，则会在每次停止并重新开始仿制时，使用最初设置的参考点位置。默认时，复选框为选中状态。"仿制图章工具"属性栏如图 4.7 所示。

知识驿站

我能分身——
仿制图章工具

图 4.7　"仿制图章"工具属性栏

打开本项目素材（图 4.8），单击工具箱中的"仿制图章工具"，将鼠标指针移到图像中要复制的位置，按住 Alt 键单击进行取样，取样后，将鼠标指针移到要复制的位置按下鼠标左键不放进行涂抹，直至图像完全复制出来后释放左键即可，如图 4.9 和图 4.10 所示。

图 4.8　素材　　　　　　图 4.9　取样蜗牛，复制蜗牛　　　　图 4.10　取样背景，去除叶子

 小提示

（1）使用仿制图章工具复制图像过程中，复制的图像将一直保留在仿制图章上，除非重新取样将原来复制的图像覆盖；如果在图像中定义了选区内的图像，复制将仅限于在选区内有效。

（2）"仿制图章工具" 是通过笔刷应用的，因此，使用不同直径的笔刷将影响绘制范围。而不同软硬度的笔刷将影响绘制区域的边缘。一般建议使用较软的笔刷，那样复制出来的区域周围与原图像可以较好地融合。当然，如果选择异型笔刷（枫叶、茅草等），复制出来的区域也将是相应的形状。因此，在使用前要注意笔刷的设定是否合适。

4.2.2　图案图章工具

"图案图章工具" 类似于图案填充效果，使用工具之前，需要定义好想要的图案（系统自带的图案或者用户自定义的图案），适当设置好属性栏的相关参数，如笔触大小、不透明度、流量等。然后在画布上涂抹就可以出现想要的图案效果。

（1）在 Photoshop 中打开一幅素材图像，如图 4.11 所示。

（2）选中 Photoshop 工具箱中的"快速选择工具"，选择需要定义的图案选区，如图 4.12 所示。按快捷键 Ctrl + J 复制蜗牛到新图层。用"矩形选框工具"框选蜗牛（为了让图案中只有蜗牛，少单击大面积的透明背景），如图 4.13 所示。

图 4.11　素材图像　　　　　　图 4.12　蜗牛选区　　　　　　图 4.13　框选蜗牛

（3）选择 Photoshop 中的"编辑"→"定义图案"命令，在打开的"图像名称"对话框中设置名称为"蜗牛"，单击"确定"按钮，图案将自动生成到图案列表中，如图 4.14 所示。

（4）选中 Photoshop 工具箱中的"图案图章工具"，在属性栏图案下拉列表中找到自定义的图案，在图像中合适的位置按下鼠标左键拖动，复制出图案，效果如图 4.15 所示。

图 4.14　定义图案

图 4.15　复制图案效果

选择该工具后，其属性栏如图 4.16 所示。

图 4.16　"图案图章"工具属性栏

属性栏中的参数含义如下：

"画笔"选项：该选项用于准确控制仿制区的大小。

"模式"选项：该选项用于指定混合模式。

"不透明度"和"流量"选项：这两个选项用于控制仿制区应用绘制的方式。

"图案"选项：该选项下拉列表中提供了系统默认和用户手动定义的图案。选择一种图案后，可以使用"图案图章工具"![icon]将图案复制到图像窗口中。

"对齐"选项：选中该选项复选框能保持图案与原始起点的连续性，即使释放鼠标并继续绘画也不例外；取消该选项复选框则可以在每次停止并开始绘制时重新启动图案。

"印象派效果"选项：选中该选项复选框，绘制的图像效果类似于印象派艺术画效果。

拓展

自定义图案对形状有严格要求，只能是矩形选框工具绘制的不带羽化值的选区才能进行定义图案。比如椭圆选框工具是不可以的。

1. 使用矩形选框工具的时候将羽化值改为零。

2. Photoshop 自定义图案的形状是方正的，如果想用一些不规则的图形作为图案填充，则将周围区域保持透明，也就是图案不透明，而其余背景改为透明。

3. 如果当前的图层上有路径并且处于激活状态，那么也不能自定义图案，必须将路径删除或隐藏不激活，才可以定义图案。

4.3 使用污点修复画笔工具

4.3.1 污点修复画笔工具

"污点修复画笔工具" ✐ 自动将需要修复区域的纹理、光照、透明度和阴影等元素与图像自身进行匹配，快速修复污点。使用的时候，只需要适当调节笔触的大小及属性栏中的相关属性，然后在污点上面单击就可以修复污点。如果污点较大，则可以从边缘开始逐步修复。

"污点修复画笔工具" 属性栏如图 4.17 所示，可以设置画笔的直径、硬度、模式、类型等。

图 4.17 "污点修复画笔" 工具属性栏

属性栏中参数的含义如下。

✐ 可以调整画笔大小、硬度等。

模式：正常 选择所需的修复模式，有正常、替换、正片叠底、滤色等。

在 "类型" 选项组中，若单击 "近似匹配" 单选按钮，则自动选取适合修复的像素进行修复；若单击 "创建纹理" 按钮，则利用所选像素形成纹理进行修复；若单击 "内容识别" 按钮，单击需要修复的区域，软件会自动在它的周围进行取样，通过计算对其进行光线和明暗的匹配，并进行羽化融合修复。

☑ 对所有图层取样 选择取样范围，勾选 "对所有图层取样" 选项，可以从所有可见图层中提取信息；若不勾选，则只能从现用图层中取样。

如要去掉照片中脸上的斑点，选择污点修复画笔工具，打开本项目素材 4.18 的照片，如图 4.18 所示，首先在 "类型" 选项组中单击 "近似匹配" 单选按钮，然后在斑点处涂抹即可（注意调低笔头的硬度，否则，涂抹后会留下明显的修复痕迹），如图 4.19 所示。

图 4.18 修复前

图 4.19 修复后

4.3.2 修复画笔工具

"修复画笔工具" ✐ 的工作方式与污点修复画笔工具的类似，不同的是，修复画笔工具必须从图像中取样，并在修复的同时将样本像素的纹理、光照、透明度和阴影与源像素进行匹配，从而使修复后的像素不留痕迹地融入图像的其余部分。选择"修复画笔工具" ，按住 Alt 键，在修复点的附近或别的地方选择好仿制源，松开 Alt 键后，在修复点上单击就可以修复图像。"修复画笔工具"属性栏如图 4.20 所示。

图 4.20　"修复画笔"工具属性栏

　　"修复画笔工具"属性栏中的"源"选项组有两个选项：若单击"取样"单选按钮，则可用取样对目标区域进行修复；若单击"图案"单选按钮，则可通过用图案对目标区域进行修复。对图 4.21 所示草地上的垃圾修复后的效果如图 4.22 所示。

图 4.21　修复前

图 4.22　修复后

4.3.3　修补工具

知识驿站

追求完美——
修补工具修复
图像

　　"修补工具" 是较为精确的修复工具，其具有自动修补优化功能，允许内容认别感测环境后做些调整。修补工具常用来修补单纯环境下的小瑕疵，通常只要圈起要修补的区域，再移动选区到邻近要复制的地方即可。

　　操作方法：

　　（1）打开素材图片，如图 4.23 所示。先利用"修补工具"（或按下 J 键）选取要修补的范围，如图 4.24 所示。

图 4.23　素材图片

图 4.24　修补选区

（2）单击修补工具属性栏上的"修补"选项下拉箭头，选取"内容认别"，"结构"选择 7，如图 4.25 所示。

图 4.25　"修补"工具属性栏

结构：该选项决定修补现有图像图案时应达到的近似程度。选项为 1~7，数值 1 对遵循源结构的要求最低，而 7 最严格。如果输入 7，则修补内容将严格遵循现有图像的图案；如果输入 1，则修补内容只是大致遵循现有图像的图案。

（3）将光标移入选区，按住鼠标左键移动选区至邻近区域，松动鼠标左键，原修补区域图案即被邻近区域图案替代，如图 4.26 所示。

图 4.26　修补效果

4.3.4　使用内容感知移动工具修补

"内容感知移动工具" ⊠ 可以实现在简单的背景下快速地把图像中的某些元素移动或复制到另外一个位置，并且让 Photoshop 填充移动之后的区域，可以使用内容识别工具无缝地扩展图像的比例。为了达到最佳效果，仅在图像的背景足够一致，Photoshop 能够识别并重现其中的图案时才使用这个工具。

在工具箱的修补工具选项栏中选择"内容感知移动工具"，如图 4.27 所示，鼠标就变成了⊠形。

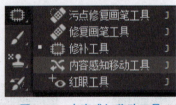

图 4.27　内容感知移动工具

工具属性栏的设置如图 4.28 所示。

图 4.28　"内容感知移动"工具属性栏

模式：分为"移动"和"扩展"。

移动：此功能主要是用来移动图片中的主体，并随意放置到合适的位置。对于移动后的空隙位置，Photoshop 会智能修复（在背景相似时最有效），如图 4.29 和图 4.30 所示。

图 4.29　素材　　　　　　　　　　　　　　图 4.30　生成选区

扩展：即快速复制。选取想要复制的部分，移到其他需要的位置，就可以实施复制。复制后的边缘会自动优化处理，跟周围环境融合。对头发、树或建筑等对象进行扩张或收缩，效果不错。

修补（移动）、修补（扩展）的示例如图 4.31 和图 4.32 所示。

图 4.31　修补（移动）的示例　　　　　　　图 4.32　修补（扩展）的示例

结构：代表调整原结构的保留严格程度，也就是说，决定了修补对已存在模式的影响，数值为 1～7，数值 1 对遵循源结构的要求最低，而 7 最严格。

颜色：代表调整可修改源色彩的程度。数值为 0～10，如果照片移去内容的位置产生瑕疵，可以用"图章"工具对照片进行简单的修饰。

扫码学习红眼工具的操作方法和裁剪与校正图像的技巧。

知识驿站　　　　　　　　　知识驿站

裁剪和校正图像　　　　　　红眼工具

六、项目实施

任务一：精准校正倾斜照片

这是一幅人物外景照片，取景倾斜得很厉害，用 Photoshop 帮助照片转正。

原图如图 4.33 所示。

图 4.33　原图

（1）在 Photoshop 中打开图片，选择裁剪工具，在裁剪工具属性栏中选择"拉直"，如图 4.34 所示。

图 4.34　利用裁剪工具的拉直属性

（2）将光标沿孩子身体平行方向从脚下拖到头顶上方拖出一条线，如图 4.35 所示，松开鼠标后，如图 4.36 所示。拉直裁剪后，孩子的脚看不到了，把裁剪框往下拉，得到的拉直裁剪效果如图 4.37 所示。

图 4.35 旋转取景

图 4.36 拉直裁剪效果

（3）单击裁剪工具属性栏中的 ☑ 按钮确定裁剪。画面中的左下角、右下角和右上角各缺少了的一块区域，如图 4.38 所示。利用多边形套索工具 ⬚ 并单击"添加到选区按钮" ⬚，选出缺少的几个区域，如图 4.39 所示。右击选择"填充"→"内容识别"，出现如图 4.40 所示的对话框，填充后的效果如图 4.41 所示。按快捷键 Ctrl + D 取消选区，得到的最终效果如图 4.42 所示。

图 4.37　拖大裁剪框

图 4.38　裁剪后效果

图 4.39　选出缺少的区域

图 4.40　"填充"对话框

图 4.41　内容识别填充效果　　　　图 4.42　倾斜照片纠正后的最终效果

任务二：调控曝光优化光影

在拍摄中会碰到一些曝光有问题的照片，下面介绍用 Photoshop 处理这些问题照片的方法。先看一下曝光有问题的两张照片，如图 4.43 和图 4.44 所示。

视界工坊

巧修曝光问题照片

图 4.43　曝光不足　　　　　　　　　图 4.44　曝光过度

对于曝光不足的照片，可以用以下操作修复。

（1）在 Photoshop 中打开图像，选择图像菜单里的 "图像"→"调整"→"阴影/高光" 进行处理，如图 4.45 所示。

（2）处理后，如果觉得不是很满意，可以再用 "图像"→"调整"→"阴影/高光" 进行微调。

（3）单击 "图像"→"调整"→"曲线"，多点控制调整云彩的颜色，如图 4.46 所示。

（4）处理后的照片效果如图 4.47 所示。

对于曝光过度的照片，就本例来看，图片的整体效果还好，只是山体曝光过度，可以调整高光部分。如果是天空曝光过度，云彩信息丢失，只有在拍摄时有意压低天空，也可以单独换个天空（在 Photoshop 中，单击 "编辑"→"天空替换"）。

图 4.45　阴影/高光调整

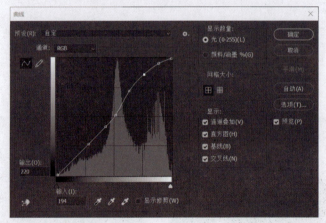

图 4.46　曲线调整

图 4.47　处理后的照片效果图

任务三：精细移除照片杂物

消除照片中的杂物可以使用以下四种方法。其中，前两种已经在其他任务中介绍过，本任务重点介绍第三种和第四种方法。当然，也可以用图案替换、修复画笔工具、修补工具修复瑕疵或去除杂物。

1. 仿制图章

仿制图章原理：仿制图章工具的原理是使用来自图像其他部分的像素绘画。这种工具主要用于复制图像中的一部分到图像的其他部分，以达到修复、美化或改变图像的目的。

2. 污点修复画笔

污点修复画笔原理：不要需要设置取样点，能够自动从所修饰区域的周围进行取样。使用污点修复画笔工具对只有颜色色调，没有纹理的图像进行修复或去除杂物比较合适。

3. 内容识别

内容识别的原理：当对图像的某一区域进行覆盖填充时，软件自动分析周围图像的特点，将图像进行拼接组合后填充在该区域并进行融合，从而达到快速无缝的拼接效果。

利用内容识别工具时，首先选中图像中要清除的部分，例如，要清除素材图 4.48 中的钢丝网。

（1）新建一个空白图层 1，选中该图层，然后选中画笔工具，调整画笔大小到合适，画笔宽度要略大于钢丝的宽度，硬度调整为 100%，不透明度调整为 100%，流量调整为 100%，并把前景色调整为黑色，按住 Shift 键，连续选择铁丝，不需要连续选择时，松开 Shift 键。图 4.49 所示为已经选中的部分铁丝。

图 4.48　素材

图 4.49　已经选中的部分铁丝区域

（2）在选中图层 1 的情况下，按住 Ctrl 键，单击"图层 1"的图层预览图，此时已经出现了选区，如图 4.50 所示。

（3）选中背景拷贝图层，同时隐藏其他两个图层，然后单击菜单"编辑"→"填充"，调出"填充"面板，如图 4.51 所示。

（4）单击"确定"按钮，按下快捷键 Ctrl + D 取消选区，图 4.52 所示的清除铁丝的效果。如果最后有些细节存在瑕疵，也可以使用仿制图章进行细节清除。

图 4.50　铁丝选区

图 4.51　"填充"面板

图 4.52　清除铁丝的效果

知识点：内容识别功能强大，图像有无纹理都可以使用

4. 消失点滤镜

消失点滤镜用于改变图像的平面角度和校正透视角度等，同时还可在平面中进行仿制、复制、粘贴及变换等编辑操作，如图 4.53 所示。

（1）打开"滤镜"→"消失点"工具，选择左上角的"创建平面工具"，在图像中创建一个平面，让平面的边线与图像中的纹理线平行，这时平面的边线呈现黄色，说明创建的平面合适。注意，创建的平面的面积要大于杂物所占的面积，最好前者面积是后者面积的两倍，如图 5.54 所示。

图 4.53　素材

图 4.54　创建平面

（2）选择左上角的"选框工具"，这时创建的平面边线自动变成蓝色，在创建的平面内画出一个选区，如图4.55所示。

（3）按快捷键 Shift + Alt，在图4.55所示的选区内，按住鼠标左键向左上方拖动，直到复制的选区完全覆盖图像中的杂物，这时松开键盘和鼠标，效果如图4.56所示。

图4.55　画出一个选区　　　　　　　　　图4.56　覆盖图像中的杂物效果

（4）单击"确定"按钮后，用仿制图章、污点修复画笔工具进行细节修复。再用同样的步骤去除图中的水管。去除杂物的图像最终效果如图4.57所示。

图4.57　最终效果

知识点：滤镜消失点特别适合倾斜、纹理清晰并且纹理密度低的图像进行瑕疵修复、去除杂物。

七、课后任务

（1）打开本项目素材图4.58，使用内容感知（扩展）工具生成图4.59所示的效果。

图4.58　素材　　　　　　　　　　　图4.59　效果图

（2）用"污点修复工具""仿制图章工具""快速选择工具"或"套索工具"，对树叶上的洞眼进行修复，去掉背景，素材如图 4.60 所示，效果图如图 4.61 所示。

图 4.60　素材　　　　　　　　　　图 4.61　效果图

（3）将图 4.62 所示的斜照片用裁剪工具拉正。

图 4.62　斜照片素材

八、任务工单

实施工单过程中填写如下工作日志。

工作日志

日期	工作内容	问题及解决方式

九、任务总结

完成上述任务后，填写下列任务总结表。

任务总结表

十、考核评价

填写项目评价表。

项目评价表

评分项	优秀要求	分值	备注	自评	他评
项目资讯	精通本项目图像修饰与修复工具的使用技巧，能准确解答相关知识和技能问题	2	错误一项扣0.5分，扣完为止		
项目实施	按照要求完成本项目任务的操作	4	错误一项扣0.5分，扣完为止		
项目拓展	按照要求完成课后任务	2	错误一项扣0.5分，扣完为止		
其他	工作日志和任务总结表填写详细，能够反映实际操作过程	2	没有填写内容或者内容太过简单，每项扣0.5分		

完成人：　　　　　　　　　　　　　　日期：

项目五

创意乾坤大挪移实现

本项目包括两个任务：开启天空置换创意；实现人脸变换艺术。

一、项目情境

人们有时候会想象自己在不同的场景和角色中，想要用照片来表达自己的创意和想法。小高就是这样一个有趣的人，她喜欢用 Photoshop 来对照片进行合成和变换，创造出一些有趣的效果。比如将自己的照片背景替换成蓝天白云，让自己看起来像在天空中飞翔，或是将自己的照片变换成不同的角色，比如公主、海盗、超级英雄，让自己看起来像在扮演不同的角色。她用 Photoshop 实现了自己的巧换乾坤，展现了自己的想象力和创造力。

二、项目描述

小高喜欢拍照，无论走到哪里，都喜欢掏出手机拍上两张。要拍出一张好照片，最重要的元素为结构、信息、情绪和时机。照片是光影的艺术，所以，拍照一定要有光，拍出好照片的前提是选择一个好天气，但很多时候没有时间等这个时机，所以用 Photoshop 软件实现局部替换是一个很不错的方法。

三、项目分析

任务一：开启天空置换创意

利用 Photoshop 的选区运算和自动混合图层等功能，将照片中的天空背景替换成另一张图片中的天空。在替换的过程中，要注意调整光照、颜色和遮挡等因素，使替换后的天空与照片中的其他元素自然融合，创造出逼真的视觉效果。

任务二：实现人脸变换艺术

利用 Photoshop 的套索工具、选区运算和自动混合图层等功能，将照片中的人脸替换成另一张图片中的人脸。在替换的过程中，要注意调整人脸的光照、角度和肤色等差异，使替换后的人脸与照片中的人物相匹配，保持自然的外观。这样，就可以实现不同角色的扮演。

设计师的故事

静谧都市绘梦者·赵清的时光印象展，诚邀您扫码，共赴一场视觉与心灵的双重学习之旅，探索都市背后的静谧与时光的温柔印记。

绿色人文·孟瑾设计诗篇启航，诚邀您扫码加入，共赴一场灵感与学习并蓄的旅程，探索极简环保与人文关怀交织的设计艺术新境界。

赵清的时光印象展　　　　　　孟瑾的绿色人文设计

四、项目资讯

1. 天空替换有什么功能？如何让天空替换无痕？
2. 几种选框工具分别用在哪些场合？
3. 选区运算分为哪几种？能否用选区运算巧做图形？
4. 掌握自动混合图层功能的使用，掌握照片无痕合成的方法。

五、知识准备

本项目知识图谱如图 5.1 所示。

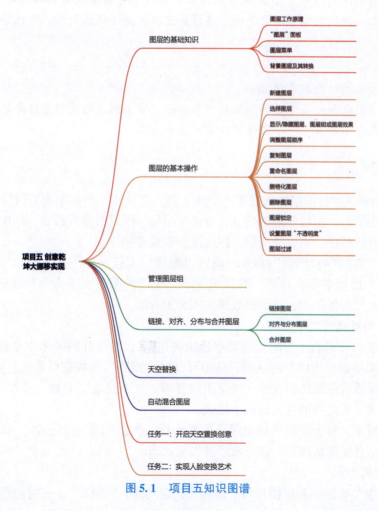

图 5.1　项目五知识图谱

5.1　图层的基础知识

5.1.1　图层工作原理

图层在 Photoshop 中扮演着重要的角色，对图像进行绘制或编辑时，所有的操作都是基于图层。简单地说，图层可以看作一张独立的透明胶片，其中每一张胶片上都会绘制图像的一部分内容，将所有胶片按顺序叠加起来观察，便可以看到完整的图像。在 Photoshop 中，通过使用图层，可以非常方便、快捷地处理图像，从而制作各种各样的图像特效。

拓展

为什么在多个图层上完成一个完整的图像，而不在一个图层上实现？

一个完整的图像不同部分分在不同图层上，可以单独移动或者修改需要调整的特定区域，而剩下的其他区域则完全不受影响，这样做可以提高修图的效率，降低修图的成本。

拓展

图像和图层之间的关系是什么？

每个图层可以包含一个完整的图像的一个部分，多个图层的图像最终叠起来组成一个完整图像，图像包含了图层，一个图像可以有很多个图层。

5.1.2　"图层"面板

"图层"面板是进行图层操作必不可少的工具，它显示了当前图像的图层信息，也集成了所有图层、图层组、图层效果的信息，可以对图层、图层组进行新建、添加图层效果、隐藏、调节图层叠放顺序、图层透明度、图层混合模式等操作。

选择菜单"窗口"→"图层"命令，调出"图层"面板，如图 5.2 所示。各个图层从上往下在"图层"面板中依次排列，默认情况下，先建的图层在下方，后建的图层在上方，下层图像会被上层图像所遮盖。最终效果如图 5.3 所示。

1. "图层面板选项"对话框

单击"图层"面板右上方的功能菜单选项按钮▉，在打开的菜单中选择"面板选项"命令，打开"图层面板选项"对话框，从中可以对"图层"面板进行设置，如图 5.4 所示，在对话框中可以设置缩览图的大小、缩览图内容等。并不是缩览图越大越好，缩览图太大，占据的空间也大，因此一般设置为最小模式。

在图层面板中，每个图层项均由图层缩略图标、图层标签（图层名）和状态标示符号组成，可以表示各图层的内容、排列次序及当前状态。

2. 图层锁定方式

单击"锁定"选项组相应图标可实现相应锁定功能。"图层"面板的"锁定"选项组图

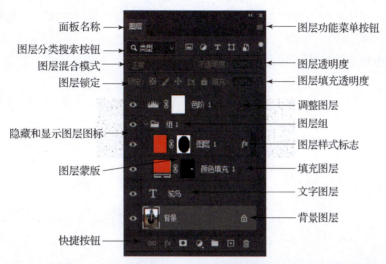

图 5.2　"图层"面板

面板名称——图层
图层分类搜索按钮
图层混合模式
图层锁定
隐藏和显示图层图标
图层蒙版
快捷按钮

图层功能菜单按钮
图层透明度
图层填充透明度
调整图层
图层组
图层样式标志
填充图层
文字图层
背景图层

图 5.3　最终效果

图 5.4　"图层面板选项"对话框

标依次为"锁定透明像素"图标■、"锁定图像像素"图标■、"锁定位置"图标■、"锁定全部"图标■。选择"锁定全部"时，在图层标签后显示图标■；若选择其他锁定选项，将显示部分锁定图标■。

3. 图层编辑状态

选择图层，标签呈浅灰色，表示该图层为活动图层，可对该图层进行编辑和修改。

在非当前图层的图层状态标示框中出现"链接图层"图标■，表示该图层中的图像可以和当前操作图层一起移动和编辑，可通过单击设置或取消链接。

4. 图层样式

在"图层"面板的下方单击"添加图层样式"■，或选择"图层"→"图层样式"命令，从打开的图层样式列表框中选择图层样式。应用了图层样式的图层，在其图层标签后将显示图层效果名称。

扫码学习图层菜单操作技巧和背景图层相互转换技巧。

知识驿站

知识驿站

图层菜单　　　　　　　　　背景图层及其转换

5.2　图层的基本操作

5.2.1　新建图层

可以通过多种方法新建图层。

（1）单击"图层"面板下方的"创建新图层"按钮，创建新图层，或单击"创建新的填空或调整图层"按钮，创建新的填充或调整图层。

（2）选择功能菜单中的"新建图层"命令。

（3）选择"图层"→"新建"→"…"命令，可以创建普通图层及特殊图层。

（4）使用文字工具、形状工具时，自动生成相应图层。

（5）当使用"粘贴"命令时，系统会在当前图层的上方自动生成一个图层来放置粘贴的图像。

（6）按快捷键 Ctrl + Shift + N 创建图层。

（7）按住 Ctrl 键，单击"创建新图层"按钮，在当前图层下方新建图层。

5.2.2　选择图层

（1）鼠标单击直接选择图层。

（2）选择移动工具，勾选其工具属性栏中的"自由选择"，单击图形后，会自动跳转到对应图形的图层位置。

（3）按住 Ctrl 键后，单击图形，也会自动选中对应的图层（在不勾选"自由选择"的前提下）。

扫码学习图层的显示与隐藏、图层组和图层效果的使用技巧和调整图层顺序的方法。

知识驿站

知识驿站

调整图层顺序　　　　　　显示或隐藏图层、
　　　　　　　　　　　　图层组或图层效果

5.2.3 复制图层

复制图层可以产生一个与原图层完全一致的图层副本。

● 在同一图像文件中复制图层

选择要复制的图层后，可以通过多种方法实现图层的复制。

（1）按快捷键 Ctrl＋J，可以快速复制当前图层。

（2）拖动图层至"创建新图层"按钮 ▣，可得到当前选择的图层的复制图层。

● 在不同图像文件间复制图层

（1）如果是在不同的图像间复制，首先要同时显示两个图像窗口，拖动原图像的图层至目标图像文件中，实现不同图像间图层的复制。

（2）选择"图层"→"复制图层"命令，在"复制图层"对话框中设置图层名称、目标文档等，可将图层复制到任何设定的文件中。在"图层"面板功能菜单中选择"复制图层"命令，同样也会打开"复制图层"对话框，如图 5.5 所示。目标文档选同一文档，实现在同一文件中复制图层；选不同文档，实现在不同文件间复制图层。

图 5.5 "复制图层"对话框

扫码学习图层重命名技巧和图层栅格化操作。

删格化图层

重命名图层

5.2.4 删除图层

选择要删除的图层后，执行以下操作之一即可删除图层。

知识驿站

（1）单击"删除图层"按钮 🗑。

（2）拖动图层至 🗑 按钮上。

（3）选择"图层"→"删除"→"图层"命令。

（4）在"图层"面板功能菜单中选择"删除图层"命令。

图层锁定

扫码学习图层锁定功能。

5.2.5　设置图层"不透明度"

知识驿站

图层的"不透明度"确定它遮蔽或显示其下方图层的程度。"不透明度"为 0% 的图层完全透明，而"不透明度"为 100% 的图层则完全不透明。

（1）各个图层不透明度互相独立，各自调整。

（2）背景层作为一种特殊图层，一定是 100% 不透明，并且不能调整，不能移动。

图层过滤

扫码学习图层过滤技巧。

5.3　管理图层组

在设计过程中，有时会用到很多图层，尤其在设计网页时，超过 100 层也不少见。这会导致即使关闭缩览图，"图层"面板也会很长，使查找图层等操作很不方便。前面学过使用恰当的文字来命名图层，但实际使用时，为每个图层输入名字很麻烦；可使用色彩来标示图层，但在图层众多的情况下，作用也十分有限，为此，Photoshop 提供了图层组功能。将图层归组可提高"图层"面板的使用效率。

Photoshop 中，图层组在概念上不再只是一个容器，它具有了普通图层的意义。图层组可以像普通图层一样设置样式、填充不透明度、混合颜色带以及其他高级混合选项。

当要将图层从图层组中取出时，可将相应图层拖曳出图层组。图层组也可以像图层一样被查看、选择、复制、移动和改变图层排列次序，其内部的图层将随同图层组操作，可以设置组的名称、颜色、模式以及不透明度等属性。

 小提示

> 默认情况下，图层组的混合模式是"穿透"，表示该组没有自己的混合属性。为图层组选择其他混合模式时，可以有效地更改图像各个组成部分的合成顺序。

图层组可以多级嵌套，在一个图层组中还可以建立新的图层组，通俗地说，就是组中组。方法是将现有的图层组拖动到"图层"面板下方的"创建新组"按钮▇上，这样原组将成为新组的下级组，如图 5.6 所示。

如果在展开的组中选择任意图层，然后单击"创建组"按钮，将会建立一个新的下级组，如图 5.6 所示。如果选择图层组，单击"创建组"按钮，则会建立一个同级的新组，如图 5.6 所示。因此，在单击"创建组"按钮前，要考虑清楚是建立下级组还是同级组。

图层组内部各图层之间仍保留通常的层次关系。图层组与图层组之间另外有着整体的层次关系。对齐功能也对图层组有效。

合理的图层组织说明设计者有清晰明朗的制作思路，是一个富有经验的设计师。

图5.6　图层组多级嵌套或下级组或平级组图示

扫码学习图层链接、对齐与分布操作和图层合并技巧。

知识驿站　　　　　　　　　知识驿站

图层合并　　　　图层链接、对齐与分布操作

5.4　天空替换

选择 Photoshop 中的"天空替换"功能，选择图像中需要替换的天空，并用 Photoshop 软件中的天空替换它，自动调整图像的颜色，以与新的天空协调。这个功能大大提高了换天空的效率，甚至不用做选区就可以把天空换掉。其还提供多种天空样式来替换。

如图5.7所示，"天空替换"面板左侧的工具。

● 天空移动工具：这就像普通的移动工具一样工作。可以单击并拖动天空，以在照片中重新定位它。在图5.7中，选择的天空在背景中添加了一个神秘的岛屿，所以将使用移动工具将其移除。

● 天空画笔工具：这与常规画笔工具有点不同。它允许在任何区域上绘画，并告诉 Photoshop 想要在图像中添加更多新天空。还可以按住 Alt 键并绘画，以告诉 Photoshop 删除一些新的天空。

● 缩放工具：这些与常规工具类似。可以使用手形工具单击并拖动，以在图像周围移动或单击缩放工具放大。按住 Alt 键，然后单击以缩小。

Shift Edge：移动新天空和前景之间的边界。负数增加更多前景，而正数增加更多天空。

Fade Edge：模糊和羽化新天空与前景之间的边界。过渡较模糊时，使用较大的数字，而当过渡更清晰时，使用较小的数字。

天空调整："亮度"滑块使新天空变暗或变亮，而"温度"滑块改变其白平衡。"缩放"滑块更改背景图像的大小，"翻转"复选框将其围绕水平轴翻转。

前景调整："光照模式"让用户在"正片叠底"（天空会使重叠的前景变暗）和"屏幕"（天空会使重叠的前景变亮）之间进行选择。"光照调整"控制变亮或变暗的强度。"颜色调整"控制 Photoshop 基于新天空的 AI 驱动的前景重新着色强度。

"输出"：在这里，可以"输出到新图层"（更好的选择），它为所有效果创建单独的图层。如果选择"输出到重复图层"，它会将所有内容合并到一个平面图层中。

"预览"：选择此复选框可打开或关闭图像预览。如图 5.8 所示，该工具附带了 25 个默认天空，分为三类："蓝天""盛景"和"日落"。

图 5.7　"天空替换"面板　　　　图 5.8　默认天空素材界面

如果选择自己保存的天空照片，可以单击右下角的"从图像导入天空"按钮▣，打开保存的天空照片即可。

5.5　自动混合图层

使用"自动混合图层"命令可缝合或组合图像，从而在最终复合图像中获得平滑的过渡效果。"自动混合图层"将根据需要对每个图层应用图层蒙版，以遮盖过度曝光或曝光不足的区域或内容差异。"自动混合图层"仅适用于 RGB 或灰度图像，不适用于智能对象、视频图层、3D 图层或背景图层。

作为其众多用途之一，可以使用"自动混合图层"命令混合同一场景中具有不同焦点区域的多幅图像，以获取具有扩展景深的复合图像。还可以采用类似方法，通过混合同一场景中具有不同照明条件的多幅图像来创建复合图像。除了组合同一场景中的图像外，还可以将图像缝合成一个全景图。

"自动混合图层"将根据需要对每个图层应用图层蒙版，以遮盖过度曝光或曝光不足的区域或内容差异，并创建无缝复合，如图5.9所示。

先按住"Ctrl"键，接着依次单击选择两个图层，单击"编辑"→"自动混合图层"，打开如图5.9所示的"自动混合图层"面板。

选择"自动混合目标"：

- 全景图：将重叠的图层混合成全景图。

- 堆叠图像：混合每个相应区域中的最佳细节。该选项最适合已对齐的图层。

注意：

通过"堆叠图像"，可以混合同一场景中具有不同焦点区域或不同照明条件的多幅图像，以获取所有图像的最佳效果（必须首先自动对齐这些图像）。

图5.9　"自动混合图层"面板

选择"无缝色调和颜色"来调整颜色和色调，以便进行混合。

六、项目实施

任务一：开启天空置换创意

如果 Photoshop 版本低于 Photoshop CC 2022，可以用以下四种方法实现换天空背景。方法一：利用图层混合选项替换天空；方法二：利用魔法棒替换天空（适合线条干净、明显的图片）；方法三：利用色彩范围替换天空；方法四：利用通道替换天空。方法二、方法三较为简单粗糙，方法一较为精细，方法四最细致，这里用的方法是 Photoshop CC 2022 及以上版本中软件自带的天空替换功能。

（1）在 Photoshop 中打开需要换天空的照片，素材如图5.10所示。

图5.10　素材

（2）选择"编辑"→"天空替换"，打开图5.11所示的"天空替换"面板，这是 Photoshop CC 2022 版新增小功能，可以看到，照片的天空已经被换掉了。

（3）这里面的天空替换素材也都是自带的，分为"蓝天""盛景"和"日落"，如图5.12所示。

图 5.11　"天空替换"面板

图 5.12　天空替换素材选项

（4）每一组里都有很多可以选择的天空素材，如图 5.13 所示。

图 5.13　天空素材选项组

（5）背景为蓝天效果如图 5.14 所示。

图 5.14　背景为蓝天效果

（6）背景为晚霞效果如图 5.15 所示。

图 5.15　背景为晚霞效果

（7）如果感觉 Photoshop 自带的天空素材不够用，可以载入素材，只需要单击天空素材选项面板下方的按钮 ▣，选择文件即可。选择一个星空素材，效果如图 5.16 所示。如果觉得不自然，可通过对星空素材的参数进行细节调整，实现想要的效果。

图 5.16　自选星空素材效果

任务二：实现人脸变换艺术

（1）首先用 Photoshop 打开素材 1 图片，并按快捷键 Ctrl + J 复制一个图层，如图 5.17 所示。

（2）打开素材 2 图片，用套索工具把脸框选出来，不需要很细致，把五官框选出就可以，如图 5.18 所示。

（3）脸选好后，按快捷键 Ctrl + J 复制一层，得到选区内男生脸的图层，把男生脸拖到素材 1 脸的图层 1 的对应位置上，如图 5.19 所示。

（4）按快捷键 Ctrl + T 对脸部进行角度调整，让它和图层 1 的女生脸对应好，确定变换，如图 5.20 所示。

（5）按住 Ctrl 键的同时单击男生脸的图层，选中男生脸选区，然后单击女生的图层 1，如图 5.21 所示。

图 5.17　素材1

图 5.18　素材2

图 5.19　男生脸与女生脸重合

图 5.20　调整男生脸位置和形状

（6）单击菜单栏中的"选择"→"修改"→"收缩"，这是为了让男生脸与女生脸能更加自然地融合，让脸部边缘不那么生硬。"收缩量"为 10 个像素左右，如图 5.22 所示，也可以根据实际情况调整。单击"确定"按钮后，可以看到原本脸部的选区小了一些，效果如图 5.23 所示。

（7）接着选中女生所在的图层 1，按 Delete 键删除，这样原本女生脸对应区域被删除了。按快捷键 Ctrl＋D 取消选区，如图 5.24 所示。

（8）同时选中男生脸图层和素材 1 女生图层，如图 5.25 所示。

图 5.21　男生脸选区

图 5.22　收缩选区

图 5.23　收缩选区效果

图 5.24　删除女生脸区域

（9）单击菜单栏中的"编辑"→"自动混合图层"，如图 5.26 所示，让两个图层更自然地融合。

图 5.25　选中两个图层

图 5.26　"自动混合图层"面板

（10）最终效果如图 5.27 所示，融合得很自然，可以通过曲线再调整一下男生脸的亮度，使其皮肤更自然。

图 5.27　最终效果

拓展

很多时候，设计中需要表现的效果完全靠实拍是无法完成的，这时就需要用到 Photoshop 来进行图像合成。合成效果绝不是简单的拼凑，而是将多种素材通过 Photoshop 达到理想的设计效果。

首先，需要对设计的作品做一个充分的了解，方便后续对素材的甄选和使用，如活动海报就要介绍活动，用文字突出重点，而人像图就要注意提高人物和背景的融合度。

其次，就是光影的处理，也就是在确定光源后，对照片的整体高光处和阴影处进行调整，以便设计完成后的作品符合光影的自然逻辑，整体也会更加自然和谐。

最后，在图像合成中，设计人像的图片要尽量避开全身像，因为全身像的脚步位置或多或少会影响人物与背景的融合度，如果无法避免，就要降低亮度，使脚步与背景融为一体，这样就能兼顾二者。

随着软件版本的升级、功能的强大，巧换乾坤技术上变得越来越简单，但是在融合度方面需要大家好好练习，大胆想象，才会做出好的作品。

七、课后任务

（1）请下载素材，完成类似于云端触摸巨蜥的小女孩合成图，并换成不同的天空效果。效果如图 5.28 所示。

图 5.28　云端触摸巨蜥的小女孩合成图效果

（2）将素材 1（图 5.29）和素材 2（图 5.30）合成为图 5.31 所示效果。

图 5.29　素材 1

图 5.30　素材 2

图 5.31　效果

八、任务工单

实施工单过程中填写如下工作日志。

工作日志

日期	工作内容	问题及解决方式

匠 心 筑 梦 纪

设计之魂——理念、
文化与社会责任的融合

九、任务总结

完成上述任务后，填写下列任务总结表。

任务总结表

十、考核评价

填写项目评价表。

项目评价表

评分项	优秀要求	分值	备注	自评	他评
项目资讯	能够准确掌握并回答本项目中的四个关键知识点	2	错误一项扣 0.5 分，扣完为止		
项目实施	按照要求完成本项目的操作	4	错误一项扣 0.5 分，扣完为止		
项目拓展	按要求完成课后任务	2	错误一项扣 0.5 分，扣完为止		
其他	工作日志和任务总结表填写详细，能够反映实际操作过程	2	没有填或者太过简单，每项扣 0.5 分		

完成人：　　　　　　　　　　　日期：

第二部分

应用篇

情境三

设计精彩海报

在一家专业的平面设计公司，设计师们正在使用 Photoshop 软件进行党的二十大主题海报的制作。他们热情高涨，坐在自己的工位上，专注地进行设计工作。设计师们一起了解项目要求和主题，互相分享自己的创意和灵感，讨论如何把主题元素放进海报中。他们参考市场动向和设计焦点进行设计的修改，让作品更加吸引目标受众。同时，他们还会参考市场趋势和设计热点，以确保设计作品能够吸引目标受众的注意。通过 Photoshop 软件的强大功能和设计师们的努力工作，最终产生了一张张具有冲击力和吸引力的党的二十大主题海报。

项目 六

广告视觉设计塑造

本项目包括两个任务：设计"奋斗新征程"海报。

一、项目情境

一家平面设计公司的设计师们正在用 Photoshop 以党的二十大的"奋斗新征程"为主题制作海报。他们团结协作，最终设计出一张充满活力和鼓舞人心的"奋斗新征程"海报。他们利用 Photoshop 的强大功能，表达他们的创意与技巧，给客户呈现出一个有吸引力的作品，传递"奋斗新征程"的信念。

二、项目描述

本项目的主要目的是用 Photoshop 创作一幅以"奋斗新征程"为主题的海报。不仅要展现设计技巧和创意思维，还要利用 Photoshop 的各种功能打造一个鼓舞人心的海报作品。设计目标是让海报的视觉效果和主题内容相得益彰，引发观众的共鸣，传递艰苦奋斗、不断坚持、勇于突破的精神。

三、项目分析

1. 目标受众：了解"奋斗新征程"的主题和受众，确定海报的定位、信息和视觉效果，这是项目的基础和方向。

2. 设计素材的选择：选择和处理与"奋斗新征程"相关的图片、图形和插图，确定海报的主题和视觉核心，要体现奋斗、努力、强大的元素。

3. 绘图技术与工具：利用调整工具、滤镜和特效，优化素材，增加海报的视觉张力。

4. 布局与排版：注意海报的布局和排版，对素材和文字进行设计处理，打造一个平衡、优美的海报。

5. 用户体验与反馈：审查和修改海报，确保满足客户的要求，传达出"奋斗新征程"的精神和意义。要创作出传递一个昂扬向上精神的海报，给观众以启迪和鼓励。这是本项目的最终目标。

设计师的故事

全球视野璀璨绽放：中国平面设计新纪元，邀您扫码共学，探索崛起之路，领略东方设计魅力，携手共创未来设计辉煌！

中国平面设计之崛起

四、项目资讯

1. 什么是图层？图层的类型和特点是什么？如何创建图层？

2. 如何复制、删除、隐藏与显示图层，如何链接、合并图层？

3. 图层的不透明度和图层填充的不透明度的区别是什么？

4. 图层模式的作用是什么？

5. 普通文字和段落文字怎么输入？

6. 如何对文字设置字符格式和段落格式？

五、知识准备

本项目知识图谱如图 6.1 所示。

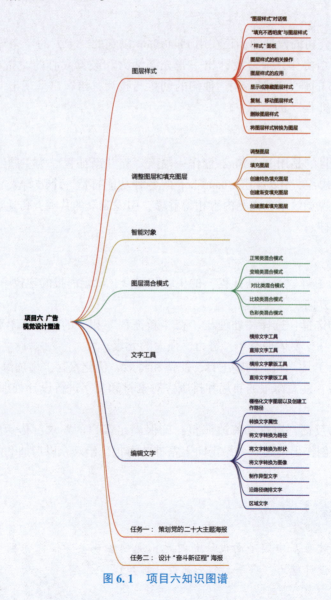

图 6.1　项目六知识图谱

视界工坊

钢铁长城

6.1 图层样式

6.1.1 "图层样式"对话框

利用图层样式功能，可以简单、快捷地制作出各种立体投影、各种质感以及光景效果的图像特效。与不用图层样式的传统操作方法相比较，图层样式具有速度更快、效果更精确、可编辑性更强等无法比拟的优势。

1. 应用图层样式

图层样式的应用十分简单，可以为包括普通图层、文本图层和形状图层在内的任何种类的图层应用图层样式。

图层样式的调用方法有以下几种。

（1）选择"图层"→"图层样式"命令，然后在"图层样式"子菜单中选择具体的样式。

（2）单击"图层"面板下方的 fx 按钮。

（3）双击要添加样式的图层，这种方法最简便。

（4）右击图层，选择"混合选项"。

2. "图层样式"对话框

"图层样式"对话框的左侧是不同种类的图层效果，包括投影、发光、斜面和浮雕、叠加和描边等几个大类。对话框的中间窗格是各种效果的不同选项，右边小窗格中显示的是所设定效果的预览。如果勾选了"预览"复选框，则在效果改变后，即使还没有应用于图像，在图像窗口也可以看到效果变化对图像的影响，如图 6.2 所示。如果有内存问题，可取消勾选"预览"复选框。可将一种或几种效果的集合保存为一种新样式，应用于其他图像。

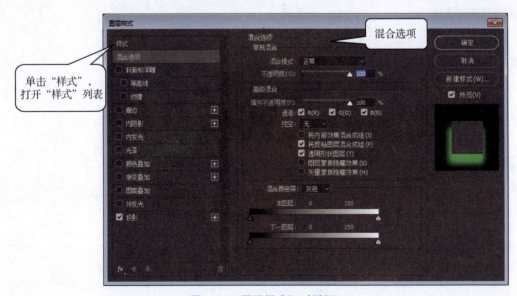

图 6.2 "图层样式"对话框

除了10种默认的图层效果之外，"图层样式"对话框中还有以下两种选项。

1）"样式"列表

"样式"列表显示了所有被存储在"样式"面板中的样式。所谓样式，就是一种或更多的图层效果或图层混合选项的组合。在图6.2中，单击"样式"选项，打开"样式"列表，单击"样式"列表右上方的三角按钮 ⚙，打开的下拉菜单中出现"导入样式"等命令，可以在此改变样式缩览图的大小。在选中某种样式后，可以对它进行重命名和删除操作。在创建并保存了自己的样式后，它们会同时出现在"样式"选项和"样式"面板中。

2）"混合选项"选项组

它分为"常规混合""高级混合"和"混合颜色带"3个部分。其中，"常规混合"选项组包括了"混合模式"和"不透明度"两项，这两项是调节图层最常用到的，是最基本的图层选项。它们和"图层"面板中的混合模式和不透明度是一样的。在没有更复杂的图层调整时，通常在"图层"面板中进行调节。无论在哪里改变图层混合模式和图层的不透明度，"常规混合"选项组中和"图层"面板中的这两项都同步改变。

6.1.2 "填充不透明度"与图层样式

在"高级混合"选项组中，可以对图层进行更多的控制。"填充不透明度"影响图层中绘制的像素或形状，对图层样式和混合模式却不起作用，而对混合模式、图层样式不透明度和图层内容不透明度同时起作用的是图层总体不透明度。这两种不同的不透明度选项使图层内容的不透明度和其图层效果的不透明度可以分开处理。对文字层添加简单的投影效果后，仅降低"常规混合"选项组中的图层不透明度，保持"填充不透明度"为100%，用户会发现文字和投影的不透明度都降低了，如图6.3所示；保持图层的总体不透明度不变，将"填充不透明度"降低为0%时，图片变得不可见，而投影效果却没有受到影响，如图6.4所示。用这种方法，可以在隐藏图层内容的同时依然显示图层效果，这样可以创建隐形的投影或透明的浮雕效果。

图6.3 "填充不透明度"为100%

图6.4 "填充不透明度"为0%

"高级混合"选项组包括了限制混合通道、"挖空"选项和分组混合效果。

限制混合通道的作用，是在混合图层或图层组时，将混合效果限制在指定的通道内，未被选择的通道被排除在混合之外。

挖空是指下面的图像穿透上面的图层显示出来。创建挖空时，首先要将被挖空的图层放到要被穿透的图层之上，然后将需要显示出来的图层设置为"背景"图层。选择"无"表示不创建挖空，选择"浅"或"深"都可以挖空到"背景"图层。

如果图层组的混合模式为穿过，则挖空穿透整个图层组；如果将挖空模式设为"深"，则挖空将穿透所有的图层，直到背景层，中空的文字将显示出背景图像，如果没有背景层，那么挖空则一直到透明区域。

 小提示

> 如果希望创建挖空效果，则需要降低图层的"填充不透明度"，或改变混合模式，否则，图层挖空效果不可见。

扫码学习"样式"面板知识。

知识驿站

样式面板

6.1.3　图层样式的相关操作

1. 图层样式的应用

（1）选中要添加样式的图层。

（2）右击图层面板上的"添加图层样式（混合选项）"按钮。

（3）从列表中选择图层样式，然后根据需要修改参数。

如果需要，可以将修改保存为预设，以便日后需要时使用。

本案例通过 Photoshop 图层样式的应用，展示如何制作发光的立体"中国"字效果（图 6.5）。操作详情可通过扫描二维码查看。

图 6.5　闪闪发光的"中国"立体字效果

视界工坊

制作闪闪发光的
"中国"立体字效果

2. 图层样式显示、隐藏

方法 1：图层样式显示、隐藏方法和图层显示、隐藏方法类似。单击"效果"前面的眼睛图标 ，隐藏所有样式。再次单击即可显示所有样式。如果只单击"效果"下的具体样式，如单击"内发光"前面的眼睛图标 ，则只隐藏"内发光"效果，再次单击时显示该样式，如图 6.6 所示。

图 6.6　应用图层样式的图层

方法 2：单击"图层"→"图层样式"→"隐藏所有效果"，即可隐藏。

隐藏后，单击"图层"→"图层样式"→"显示所有效果"，即可显示。

3. 移动、复制、删除图层样式

● 移动图层样式

在同一个图像文件中，如果将一个图层的样式移动到另一个图层，可以单击"图层"面板中的 符号，展开所应用的所有图层效果，从中选择所需效果，拖动到目标图层，或单击 效果按钮，拖曳实现全部效果的移动。

● 复制图层样式

方法 1：先选择目标样式层，右击，从打开的菜单中选择"拷贝图层样式"命令，再选择应用样式的图层，右击，选择"粘贴图层样式"命令。

方法 2：选中要复制的图层样式，按住 Alt 键，然后用鼠标左键拖曳 到目标图层。

● 删除图层样式

选择要删除样式的图层。

方法 1：用鼠标左键拖曳图层的 到右下角的垃圾桶。

方法 2：选中要删除图层样式的图层，右击，选择"清除图层样式"。

4. 将图层样式转换为图层

在一些较为复杂的图像中，图层样式也许需要从图层中分离出来，成为独立的图层，这样就需要再次编辑所形成的图层。右击图层效果，从打开的菜单中选择"创建图层"命令，这个命令会将目标图层的所有图层效果都转换为独立的图层，不再和刚才的目标图层有任何联系，如图 6.7 和图 6.8 所示。在将图层样式转换为图层的过程中，某些图层效果可能不能被复制，Photoshop 会出现警告信息。转换后的图层名称非常具体地描述了作为图层效果的作用，其"混合模式"和"不透明度"依然在图层效果中。有些图层效果转换为图层后，成为剪切图层；有些转换后，图层顺序会有所变化，再加上混合模式的作用，图像会有少许改变。

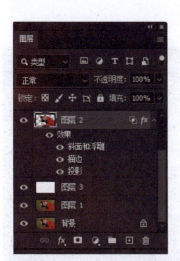

图 6.7 已添加样式的图层

图 6.8 样式转换为图层

6.2 调整图层和填充图层

在 Photoshop 中，图像色彩与色调的调整方式有两种：

（1）执行"图像"→"调整"下拉菜单中的命令。

（2）使用调整图层来执行操作。

"图像"→"调整"下拉菜单中的调整命令会直接修改所选图层中的像素数据，而调整图层是一个独立存在的图层，可以达到同样的调整效果，但不会修改像素。此外，只要隐藏或删除调整图层，便可以将图像恢复为原来的状态。多个色彩调整图层可以产生综合的调整效果，彼此之间可以独立修改。

6.2.1 调整图层

调整图层可将颜色和色调调整应用于图像，而不会对图像造成破坏。创建调整图层后，颜色和色调调整就存储在调整图层中，并影响它下面的所有图层。如果想对多个图层进行相同的调整，可以在这些图层上面创建一个调整图层，通过调整图层来影响这些图层，而不必分别调整每个图层。

（1）打开一个素材图像文件，如图 6.9 所示。

（2）单击"图层"面板底部的"创建新的填充或调整图层"按钮 ，弹出一个创建调整图层的菜单（通过"图层"→"新建调整图层"命令，或者"窗口"→"调整"命令也可以创建调整图层），如图 6.10 所示。选择"色相/饱和度"即可在"图层"面板中创建一个"色相/饱和度"调整图层，如图 6.11 所示。

图 6.9 素材

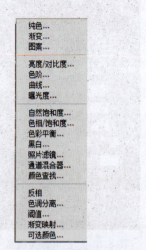

图 6.10 "新建调整图层"菜单

图 6.11 "色相/饱和度"调整图层

（3）在其"属性"面板中会显示相应的参数设置选项，如图 6.12 所示。设置好后，得到了秋天的效果图，如图 6.13 所示。

图 6.12 "色相/饱和度"属性面板

图 6.13 春天变秋天的效果图

"色相/饱和度"属性面板上的参数含义如下：

● 创建剪贴蒙版 ：单击该按钮，可以将当前的调整图层与它下面的图层创建为一个剪贴蒙版，使调整图层仅影响它下面的一个图层。如果再次单击该按钮，调整图层会影响下面的所有图层。

● 查看上一状态 ：调整参数以后，单击该按钮，可以在窗口中查看图像的上一个调整状态，以便比较两种效果。

● 复位到调整默认值 ：单击该按钮，可以将调整参数恢复为默认值。

● 切换图层可见性 ：单击该按钮，可以隐藏或重新显示调整图层。隐藏调整图层后，图像便会恢复为原状。

● 删除此调整图层 ：单击该按钮，可以删除当前调整图层。

小提示

> 多个文档之间复制调整图层：如果同时打开了多个图像，将"图层"面板中的一个调整图层拖动到另外的文档中，则可以将其复制到这一文档。

（4）在"图层"面板中单击调整图层的"图层缩览图"，如图 6.14 所示，在面板中可以修改该图层的混合模式、不透明度或填充等选项。

图 6.14 调整图层的"图层缩览图"

（5）选择调整图层，按 Delete 键，或者将它拖动到"图层"面板底部的"删除图层"按钮 🗑 上，即可将其删除。如果只想删除蒙版而保留调整图层，可以在调整图层的"图层蒙版缩览图"上单击鼠标右键，然后选择快捷菜单中的"删除图层蒙版"命令，即可将其删除。

6.2.2 填充图层

填充图层是指向图层中填充纯色、渐变或图案等而创建的特殊图层。可以基于选区进行局部填充的创建。

扫码学习纯色填充图层的方法、渐变图层的填充技巧和图案填充图层的方法。

创建纯色填充图层

创建渐变填充图层

创建图案填充图层

6.3 智能对象

智能对象是包含栅格或矢量图像（如 Photoshop 或 Illustrator 文件）中的图像数据的图层。智能对象将保留图像的源内容及其所有原始特性，从而能够对图层执行非破坏性编辑。

Photoshop 中创建智能对象的方法有嵌入式和链接式两种。嵌入：和在 QQ 空间上传本地图片文件一样，调用本地文件上传到服务器，占用服务器内存，如果在其他电脑上打开，显示正常。链接：在 QQ 空间里写入图片链接地址，调用链接显示图片，不保存到服务器，如果链接失效，图片就显示不了。

1. 创建链接式智能对象

"链接到智能对象"这个功能在 Photoshop CC 14.2 更新中出现，这使用户对智能对象使用外部文件源成为可能。最大的好处就是可以在多个 Photoshop 文件中使用图像或矢量作为"链接到智能对象"。如此，只要修改了原始图像，那么它就会在所有链接到的 Photoshop 文件中同步更新。另一个好处则是，使用"链接到智能对象"，并不会增加 Photoshop 文件的大小。

1）打开为智能对象

（1）在 Photoshop 中，执行"文件"→"置入链接的智能对象"，打开素材图片，如图 6.15 所示。

图 6.15　置入链接的智能对象

（2）在"图层"面板上，图层缩览图右下方有智能对象链接的标识 ⬛，这个图像只是暂时链接到这里，如果原图片被删除或移动到别的电脑，就看不到这个图层了。

（3）双击图层，打开源文件，对原图进行的修改将直接同步到链接的文件中。这里用画笔工具将图中部分涂成网状，如图 6.16 所示。保存文件，关闭源文件窗口。

图 6.16　源文件窗口

（4）回到源文件窗口，可以看到图已经改变，如图 6.17 所示。

注意：原图片一定不能删除。

图 6.17 图已经改变

2）转换为智能对象

在下面的案例中，要实现只做一次修改，便能修改所有图层中的文字。注意，这些图层并不是完全相同的。

（1）在 Photoshop 中，新建 300 px×400 px 的文件，选择"文件"→"置入链接的智能对象"，在工具栏上单击"矩形工具"，在 Photoshop 中绘制一个矩形，效果如图 6.18 所示。

（2）在矩形所在的图层名称上右击，选择"转换为智能对象"，或者选择"图层"→"智能对象"→"转换为智能对象"，如图 6.19 所示。

图 6.18 效果 1

（3）按快捷键 Ctrl+J 复制一个智能对象图层，按快捷键 Ctrl+T，右击，选择"透视"，将新复制图层图形进行适当变形（由于不是对矩形 1 复制源文档进行改变，所以，矩形 1 图层中的图还是矩形），效果如图 6.20 所示。

（4）双击矩形 1 所在图层，打开矩形 1 的编辑窗口，效果如图 6.21 所示。

图 6.19 转换为智能对象菜单

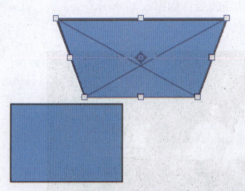

图 6.20 效果 2

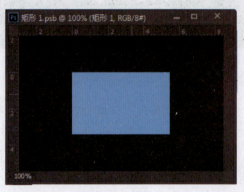

图 6.21 效果 3

（5）在新打开的矩形 1 文档中，选择文字工具，输入"智能对象"，适当调整文字大小，效果如图 6.22 所示。保存文档，单击 ✖ 按钮关闭矩形 1 文档。

（6）回到之前的页面，发现两个智能对象图层都已经写上了新加的文字。变形图层中的文字还根据图层变形的状态适当进行了调整，效果如图 6.23 所示。

图 6.22 效果 4

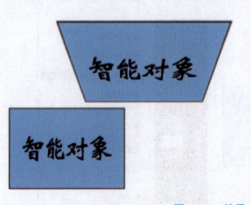

图 6.23 效果 5

2. 置入嵌入对象

在 Photoshop 中，新建 300 px×400 px 的文件，选择"文件"→"置入嵌入对象"，或直接拖动图片到 Photoshop 效果的文件窗口，嵌入的图片上出现一个带 × 号标志的调整框，其他操作同链接式智能对象，效果如图 6.24 所示。

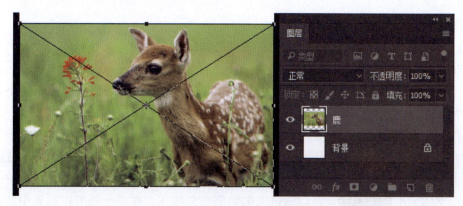

图 6.24　效果 6

扫码了解图层混合模式的使用。

知识驿站

图层混合模式

视界工坊

星星之火可以燎原

6.4　文字工具

Photoshop 提供了功能强大的文字功能，可以在图像中输入文字。

6.4.1　横排文字工具

使用 Photoshop 的"横排文字工具"█可以将图像窗口中输入的文本以横向排列，如图 6.25 所示。

图 6.25　横排文字工具

1. 横排文字工具属性栏

横排文字工具属性栏如图 6.26 所示。

图 6.26 "横排文字"工具属性栏

属性栏中各参数含义如下。

（1）更改文字方向 ：单击该按钮，可将选择的水平方向的文字转换为垂直方向，或将垂直方向的文字转换为水平方向。

（2）字体 ：设置文字的字体。单击其右侧的倒三角按钮，在弹出的下拉列表中选择字体。

（3）字形 ：可以设置字体形态。只有使用某些具有该属性的字体，该下拉列表才能激活，包括 Regular（规则的）、Italic（斜体）、Bold（粗体）、Bold Italic（粗斜体）、Black（加粗体）。

（4）字体大小 ：可以单击右侧的倒三角按钮，在弹出的下拉列表中选择需要的字号或直接在文本框中输入字体大小值。

（5）设置消除锯齿的方法 ：设置消除文字锯齿的功能。

（6）对齐方式 ：包括左对齐、居中对齐和右对齐，可以设置段落文字的排列方式。

（7）文本颜色 ：单击可以打开"拾色器"对话框，从中选择字体颜色。

（8）创建文字变形 ：单击打开"变形文字"对话框，在对话框中可以设置文字变形。

（9）字符和段落面板 ：单击该按钮，可以显示或隐藏"字符和段落"面板，用来调整文字格式和段落格式。

（10） ："取消"文字编辑按钮。

（11） ："提交"文字按钮。要确定输入的文字，则单击此按钮即可；也可以选择"移动工具"确定。

（12）从文本创建 3D ：单击此按钮，将切换到文字为 3D 立体模式，可制作 3D 立体文字。

2. 设置字符与段落文字

单击 Photoshop 横排文字工具属性栏上的"字符"按钮 ，打开控制面板，单击"字符"面板，其主要功能是设置文字、字号、字型、字距或行距等参数，如图 6.27 所示。单击"段落"面板，其主要功能是设置段落对齐、换行方式等，如图 6.28 所示。

3. 打造变形文字

变形文字的作用是使文字产生变形效果。

（1）选择创建好的文字，单击文字属性栏上的"变形文字"按钮 ，打开"变形文字"对话框，单击"样式"按钮，出现变形选项，如图 6.29 所示。

（2）在"样式"下拉列表框中选择"旗帜"样式，打开"变形文字"对话框，设置参数，如图 6.30 所示。

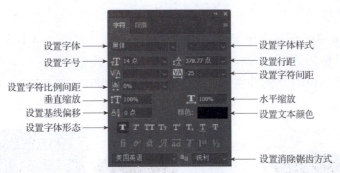

图 6.27 "字符"面板

图 6.28 "段落"面板

图 6.29 "变形文字"对话框

图 6.30 变形样式

（3）单击"确定"按钮，变形文字效果如图 6.31 所示。

图 6.31 变形文字效果

案例：杯贴文字

（1）打开 Photoshop 软件，单击"文件"→"打开"命令，打开本书素材图片"3D 文字素材.jpeg"，如图 6.32 所示。

（2）单击工具箱中的"横排文字工具"，输入文字"COFFEE"，并调整文字位置，效果如图 6.33 所示。

图 6.32　素材　　　　　　　　　　　图 6.33　输入文字

（3）执行属性栏中的"创建文字变形"命令，在弹出的对话框中，设置"样式"为"拱形"，"弯曲"为 -29，"水平扭曲"为 0，"垂直扭曲"为 -2，如图 6.34 所示。

图 6.34　创建文字变形

（4）设置"图层"面板中的"图层混合模式"为"叠加"，如图 6.35 所示。

（5）最终效果如图 6.36 所示。按快捷键 Ctrl+S 保存并导出图片。

图 6.35　设置图层混合模式　　　　　　图 6.36　最终效果

4. 输入横排文字

（1）新建一个空白文档，在 Photoshop 工具箱中选择"横排文字工具"，在图像窗口中单击，这时图像窗口中出现一个闪烁的光标，这时便可直接输入文字了。

（2）当文字工具处于编辑模式下时，便可以输入并编辑文字了，此时 Photoshop 的"图层"面板将会自动生成文字层，如图 6.37 所示。

（3）Photoshop 文字的属性设置主要是指文字的字号大小、字体、颜色以及字体样式等参数设置。

在文字上按住鼠标左键，拖动鼠标选择输入的文字，在文字属性栏上设置字体为"华文行楷"，字体大小为 100，设置消除锯齿方法为"平滑"。设置字体颜色，单击文字属性栏上的"颜色"按钮■，弹出"拾色器"对话框，设置字体颜色为红色 RGB（255，0，0），单击文字属性栏后方的√，确认文字的输入和设置，文字效果如图 6.38 所示。

图 6.37　"图层"面板

图 6.38　文字效果

6.4.2　直排文字工具

使用直排文字工具 可以将图像窗口中输入的文本以竖向排列，文字工具如图 6.39 所示。

（1）按快捷键 Ctrl + O 打开一幅素材图像，如图 6.40 所示。

图 6.39　文字工具　　　　　　　　　图 6.40　素材

（2）选择 Photoshop 工具箱中的"直排文字工具" ，在文字属性栏中选择文本字体，设置字体大小为 150，文本颜色为黑色，如图 6.41 所示。

| ↓T | 草檀高毛泽东字体 | ∨ | - | ∨ | →T | 150 点 | ∨ | aa | 平滑 | ∨ | ⦀ | ⦀ | ⦀ | ∎ | ⊥ | ▤ | ⊘ | ✓ |

图 6.41　"直排文字"工具属性栏

（3）在图像合适位置单击，输入文字"李白诗意图"。输入完文字后，如果感觉位置不合适，可以选择"移动工具"，在其属性栏勾选"自动选择"，单击选择需要移动的文字，按住鼠标左键拖动即可。此外，也可以调整文字大小。效果如图 6.42 所示。

图 6.42　"直排文字"效果

6.4.3　横排文字蒙版工具

使用 Photoshop 的"横排文字蒙版工具" ▤ 可以直接创建横排文字选区，如图 6.43 所示。

（1）按快捷键 Ctrl + O 打开一幅素材图像，如图 6.44 所示。

（2）选择工具箱的"横排文字蒙版工具"，设置其属性栏字体、文字大小，如图 6.45 所示。

图 6.43　横排文字蒙版工具

图 6.44　素材图像

| 华文琥珀 | ∨ | - | ∨ | →T | 150 点 | ∨ | aa | 平滑 | ∨ | ▤ | ▤ | ▤ | ▤ | ⊥ | ▤ |

图 6.45　"横排文字蒙版"工具属性栏

单击 ▤ 按钮，在弹出的"字符"面板中设置字符的间距为 20，如图 6.46 所示。

（3）在图像窗口中的适当位置单击并输入"深秋校园"，如图 6.47 所示。

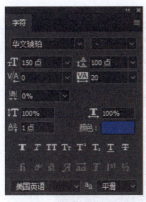

图 6.46 "字符"面板

图 6.47 输入文字

（4）输入完文字后，单击其属性栏上的"提交"按钮 ☑ 确定文字输入（或选择工具箱中的"移动工具"确定文字输入），即可得到如图 6.48 所示的文字选区。

图 6.48 文字选区

（5）选择工具箱中的"选框工具"（任意选择一种选框工具即可，如椭圆或矩形选框工具，属性栏上的选区运算方式一定要选择"新选区" ▢），在图像窗口中的文字选区上按住鼠标左键拖动，把文字移动到合适的位置松开鼠标，如图 6.49 所示。

（6）按快捷键 Ctrl + C 进行复制，再按快捷键 Ctrl + V 进行粘贴，即可得到"图层 1"；在 Photoshop 的"图层"面板中单击"添加图层样式"按钮 ☒，从弹出的菜单中选择"斜面和浮雕"，即可弹出"图层样式"对话框，如图 6.50 所示。

图 6.49 移动文字选区

图 6.50 图层样式弹出菜单

（7）在 Photoshop 的"图层样式"对话框中设置图层样式，设置好后，单击"确定"按钮，为文字选区添加图层样式，如图 6.51 所示。

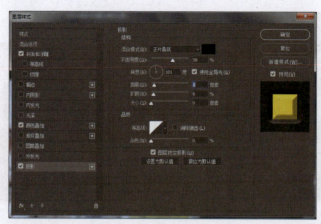

图 6.51　"图层样式"对话框

（8）按快捷键 Ctrl + J 复制一层，再按快捷键 Ctrl + T 打开自由变换功能，在文字上右击，选择"垂直翻转"后，按住鼠标左键拖动文字，到合适位置后松开鼠标左键，调整自由变换框，按 Enter 键确认变换，文字效果如图 6.52 所示。

（9）在"图层"面板中设置"不透明度为 40%"，完成使用横排文字蒙版工具实例教程。最终效果如图 6.53 所示。

图 6.52　垂直翻转文字效果

图 6.53　最终效果

6.4.4　直排文字蒙版工具

使用"直排文字蒙版工具"  可以直接创建直排文字选区，文字工具如图 6.54 所示。

图 6.54　文字工具

（1）按快捷键 Ctrl + O 打开一幅素材图像，如图 6.55 所示。

（2）新建图层，选择工具箱中的"自由钢笔工具" ，在图像中绘制一条路径，如图 6.56 所示。

图 6.55　素材图像

图 6.56　绘制路径

（3）选择工具箱中的"直排文字蒙版工具"，在其属性栏中设置字体为黑体、文字大小为 100；在图像窗口中的适当位置单击，并输入"冬雪·校园"，如图 6.57 所示。

（4）输入完文字后，单击其属性栏上的"提交"按钮 ☑ 确定文字输入（或使用工具箱中的"移动工具"确定文字输入），即可得到如图 6.58 所示文字选区。

图 6.57　输入路径文字

爱淮印章制作（路径文字）

图 6.58　文字选区

（5）选择 Photoshop 工具箱中的"渐变工具" ▦，打开"渐变编辑器"，选择"预设"中的"色谱"，单击"确定"按钮。

（6）在图像窗口中按住鼠标左键拖动，应用渐变，按快捷键 Ctrl + D 取消选区，文字渐变效果如图 6.59 所示。

（7）选择工具箱中的"移动工具"，单击绘制的路径，按 Delete 键删除路径，最终效果如图 6.60 所示。

图 6.59　文字渐变效果

图 6.60　最终效果

6.5　编辑文字

6.5.1　栅格化文字图层及创建工作路径

　　使用文字工具输入文字时，在"图层"面板上自动生成一个文字图层。要对文字图层使用滤镜顶格效果或进行其他操作，如文字形状改变后重新填充颜色等，必须对文字进行栅格化操作。

　　例如，使用"横排文字工具" **T** 在新建的文件上输入"一带一路"，设置字体为华文行楷、72 磅，红色，字符间距为100。选中"一路"，把字符间距改为 − 100，如图 6.61 所示。

图 6.61　文字效果（1）

　　选择"图层"面板上的文字所在图层，鼠标指向文字图层名称处，右击，在快捷菜单中选择"创建工作路径"命令，则在文字周围自动产生路径。选择"直接选择工具" **▶**，单击"带"和"路"上的拐点拉动变形，但变形的部分没有填充颜色，如图 6.62 所示。

图 6.62　文字效果（2）

　　打开"路径"面板，单击"把路径作为选区载入"按钮 **▦**，把路径变为选区，如图 6.63 所示。选择"矩形选框工具" **▢**，选择"从选区减去" **◩**，框选"一带一路"选区的下半部分，得到上半部分选区，如图 6.64 所示。

图 6.63　选区效果（1）

图 6.64 选区效果（2）

回到"图层"面板，把前景色设置为黄色，这时会发现按快捷键 Alt + Delete 无法实现填充前景色，此时需要选择"图层"→"栅格化"→"文字"命令，或在选中的文字图层上右击，从弹出的快捷菜单中选择"栅格化文字"命令，把文字栅格化，按快捷键 Alt + Delete 填充，如图 6.65 所示。

图 6.65 文字效果

6.5.2 将文字转换为路径

（1）打开 Photoshop 软件，按快捷键 Ctrl + N，创建 15 cm × 10 cm，300 bpi，黑色背景的文件。

（2）选择工具箱中的"横排文字工具" T，输入"文字变形"，设置字体为华文行楷，字号为 72 磅，红色。

（3）在"图层"面板上选择文字图层，选择"文字"→"创建工作路径"，将文字转换为路径，如图 6.66 所示。

（4）在"路径"面板中可以看到刚刚创建的文字路径，如图 6.67 所示。

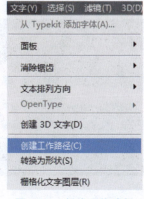

图 6.66 创建工作路径

图 6.67 "路径"面板

6.5.3 将文字转换为形状

选择菜单"图层"→"文字"→"转换为形状"命令，可以改变文字的形状，制作特效文字。

例如，使用"横排文字工具" Ｔ在新建的文件上输入"一带一路"，设置字体为华文行楷、红色，文字大小为 150 点，字符间距为 100。文字图层及文字如图 6.68 所示。鼠标指向文字图层名称处，右击，在快捷菜单中选择"转换为形状"命令，把文字转换为形状，如图 6.69 所示。用"转换点工具" Ｎ改变文字的形状，如图 6.70 所示。最终效果如图 6.71 所示。

图 6.68　文字图层及文字

图 6.69　文字转换为形状

图 6.70　改变文字形状

图 6.71　最终效果

6.5.4 将文字转换为图像

输入文字后，便可对文字进行一些编辑操作了，但并不是所有的编辑命令都能适用于刚输入的文字，这时必须先将文字图层转换成普通图层，也就是说，将文字转换为图像。

（1）在文字图层面板的名称上（不是缩览图）右击，如图 6.72 所示。

（2）在弹出的快捷菜单中选择"栅格化文字"命令，这样将文字图层转化成普通图层，如图 6.73 所示。

图 6.72　文字图层面板

图 6.73　将文字图层转换成普通图层

6.5.5 制作异型文字

新建一个文件，选择"自由钢笔工具" ，绘制一条路径。使用文字工具，将光标放在路径上，当光标变成路径文字光标 时，单击输入文字，如图 6.74 所示。

选择"自由钢笔工具" ，在按住 Ctrl 键的同时拖动鼠标，调节锚点的手柄，使路径形状发生改变，文字的排列也随之调整，如图 6.75 所示。

图 6.74　在路径上创建文本（1）

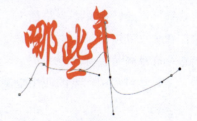
图 6.75　在路径上创建文本（2）

使用工具箱中的"直接选择工具" 或"路径选择工具" ，或者选择"钢笔工具" ，在按住 Ctrl 键的同时，把光标移动到文字路径的起点，当光标变成 形状时，拖动文字的起点，可以调整文字的开始位置。把光标移动到文字路径的终点，当光标变成 形状时，拖动文字的终点，可以调整文字的终止位置。

6.5.6 区域文字

用文本工具在图像中拖出一个输入框，然后输入文字，这样文字在输入框的边缘将自动换行，使用这种方式排版的文字也称为文字块。对输入框周围的几个控制点进行拖拉（将鼠标置于控制点上，其变为双向箭头），可以改变输入框的大小，如图 6.76 所示。

在完成文字输入后，输入框是不可见的，只有在编辑文字时才会再次出现。在调整文字输入框的时候，只会更改文字显示区域而不会影响文字的大小。如果在调整的时候按住 Ctrl 键，就可类似于自由变换（Ctrl + T）那样对文字的大小和形态进行修改。按住 Ctrl 键后拖拉下方的控制点，可产生拉长、压扁效果。对其他控制点如此操作，可以产生倾斜的效果，如图 6.77 ~ 图 6.79 所示。

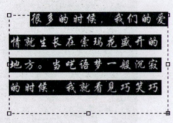

图 6.76　区域文字

图 6.77　旋转效果

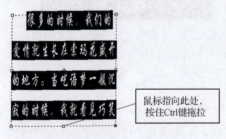

图 6.78　拉长效果

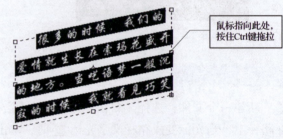

图 6.79　倾斜效果

自由变换命令也可以使文字块产生相同的效果，但不能使用透视和扭曲选项。要制作透视和扭曲效果，需要转换文字为路径。

注意：在中文习惯的排版中，行首是不允许出现标点符号的。中文对于行首和行尾可以使用的标点是有限制的，称作避头尾。

扫描二维码学习常用标点的使用限制的相关知识。

知识驿站

常用标点的使用限制

六、项目实施

任务一：策划党的二十大主题海报

1. 素材处理

（1）打开红色飘带素材 . jpg 文件，如图 6.80 所示。

红色飘带素材.jpg

图 6.80　素材

（2）用钢笔工具沿着红色飘带的边把红色飘带抠出来，如图 6.81 所示。

（3）按快捷键 Ctrl + Enter，让路径变为选区，如图 6.82 所示。

图 6.81　抠红色飘带　　　　　　　　　　　　　图 6.82　红色飘带选区

（4）单击右键，选择"通过拷贝的图层"，新建图层 1，如图 6.83 和图 6.84 所示。

（5）另存为红色飘带 . psd 备用。

（6）打开麦克风素材 . jpg，如图 6.85 所示。

（7）用钢笔工具把麦克风抠出来，另存为麦克风 . psd 文件。

2. 海报设计

（1）新建一个 57 cm×84 cm，分辨率为 150 dpi，色彩模式为 CMYK 的文档。

（2）把抠好的红色飘带拖到新建的文档中，放置在合适的位置，如图 6.86 所示。

（3）单击设置前景色和背景色，前景色吸取红色飘带最深的地方，背景色吸取红色飘带最红的地方，如图 6.87 所示。

（4）选择工具栏中的渐变工具，使用前景色到背景色渐变，如图 6.88 所示。

图 6.83　拷贝图层

图 6.84　图层

麦克风素材.jpg

图 6.85　素材文件

图 6.86　红色飘带

图 6.87　前景色、背景色设置

图 6.88　渐变工具选择

（5）在背景图层上新建图层1，从上到下拉出一个渐变，效果如图6.89所示。

（6）鼠标放在红色飘带图层上，给红色飘带做一个图层蒙版，如图6.90所示。

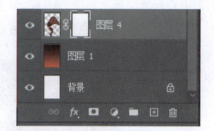

图 6.89　渐变效果　　　　　　　　　　　图 6.90　图层蒙版

（7）选取工具栏中的渐变工具，使用黑白渐变。

（8）从右上角向左下角拉，让红色飘带很好地融入背景，如图6.91和图6.92所示。

图 6.91　蒙版填充渐变

（9）将麦克风放到画面中，放置在合适的位置，如图6.93所示。

图 6.92　融合效果　　　　　　　　　图 6.93　麦克风放置效果

（10）要让红色飘带包裹住麦克风，所以给麦克风加蒙版，如图6.94所示。

图 6.94　麦克风加蒙版

（11）选取画笔工具，设置合适的大小。设置前景色为黑色，慢慢涂抹，让麦克风腿和线基本上都隐藏起来。最后效果如图6.95和图6.96所示。

图 6.95　红色飘带包裹麦克风效果（1）

（12）选择文字工具，输入"演讲比赛"4个字，选择合适的字体、字号，放置在图中合适的位置，如图6.97所示。

图 6.96　红色飘带包裹麦克风效果（2）　　　图 6.97　输入"演讲比赛"4个字

（13）打开"图层样式"对话框，给字设置效果，让麦克风接近实际颜色，如图6.98～图6.104所示。"演讲比赛"文字效果如图6.105所示。

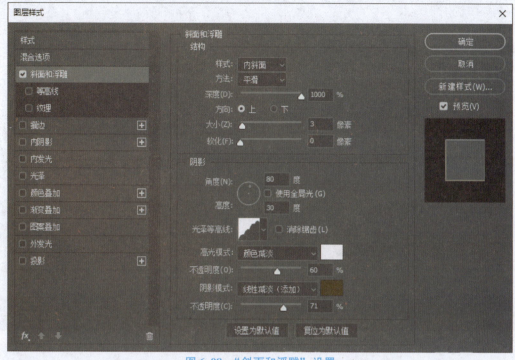

图 6.98　"斜面和浮雕"设置

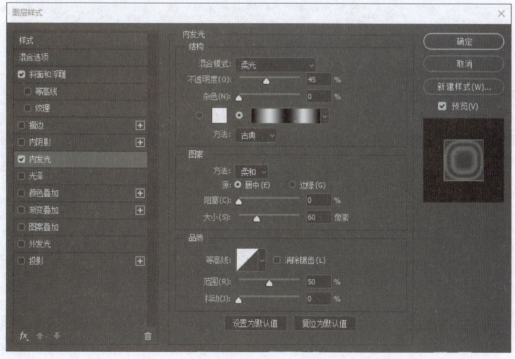

图 6.99　"内发光"设置

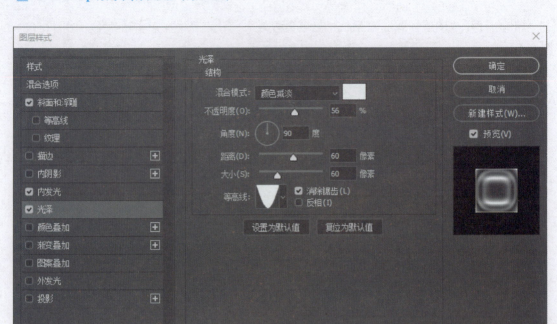

图 6.100 "光泽"设置

图 6.101 "渐变叠加"设置

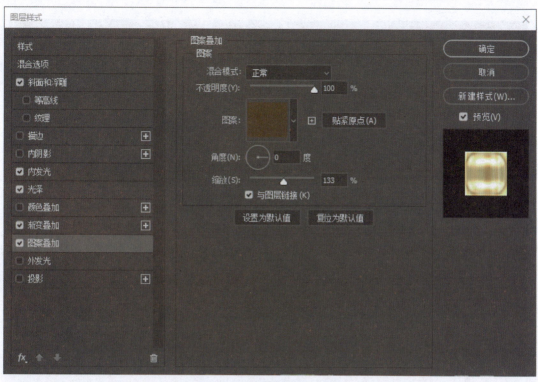

图 6.102 "图案叠加"设置

图 6.103 "外发光"设置

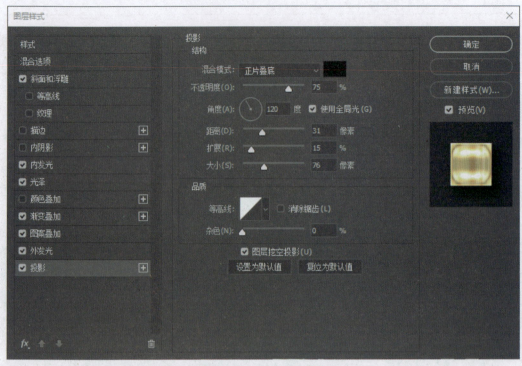

图 6.104 "投影"设置

（14）对"践行二十大　永远跟党走"这 10 个字选择合适的字体粘贴至"演讲比赛"4 个字上方合适位置。再将主办、承办、时间、地点的文字选择合适的字体粘贴至画面下方合适的位置，如图 6.106 所示。

图 6.105　文字效果

图 6.106　添加其他文字效果

（15）将学校 logo 骨干院校 .eps 素材置入画面中，调整大小，放置画面左上角合适位置。然后将学校 logo 骨干院校转为智能对象，双击智能对象，将学校 logo 骨干院校的色彩改成和画面文字相近的色彩，如图 6.107 所示。

（16）将长城素材 .jpeg 置入画面中，调整合适大小后放置在海报下方、图层 1 上方，图层叠加，再加一个图层蒙版，拉一个渐变，让长城素材融入背景中，如图 6.108 所示。

图 6.107　置入学校 logo 骨干院校
素材后的效果

图 6.108　长城素材
融入背景中

（17）海报最终效果如图 6.109 所示。

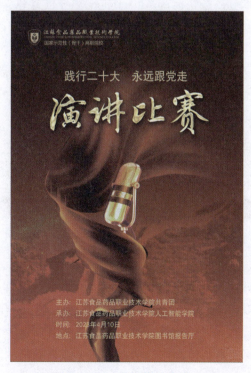

图 6.109　海报最终效果

任务二：设计"奋斗新征程"海报

（1）新建一个 160 cm×90 cm，分辨率为 72 dpi，色彩模式为 RGB 的文档。

（2）设置前景色和背景色，前景色色值为 RGB（253，244，215），背景色色值为 RGB（245，208，119）。

（3）新建一个图层 1。选取工具栏渐变工具，使用前景色到背景色渐变。从上到下拉一个渐变，如图 6.110 所示，将文件保存为建功新时代奋进新征程背景 .psd。

（4）设置前景色，色值为 RGB（173，3，32）。新建一个图层 2，选取矩形框工具，在画面底部绘制一个高 12 cm、宽 160 cm 的矩形，按快捷键 Alt + Delete 填充前景色。效果如图 6.111 所示。

图 6.110　渐变背景

图 6.111　底部矩形框效果

（5）新建一个图层，选取圆形工具，在画面中画一个直径为 5.3 cm 的圆，前景色色值为 RGB（246，227，159），按快捷键 Alt + Delete 填充前景色，如图 6.112 所示。

（6）新建一个图层，保持当前选取状态，单击"选择"→"修改"→"收缩"，收缩量为 80 像素，如图 6.113 所示。

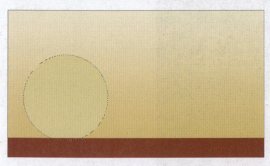

图 6.112　生成圆环选区并填充

图 6.113　生成圆环效果（1）

（7）重复上面的操作，如图 6.114 所示。

（8）置入素材建筑线稿 .eps，放到圆形上面合适的位置，如图 6.115 所示。

（9）置入素材中的学校 logo 骨干院校 .eps 文件，放在左上角合适位置，转为智能对象，并把学校 logo 色彩改成和下面横条的色彩一致，如图 6.116 所示。

（10）选取工具箱文字工具，输入"建功新时代　奋进新征程"，选择合适的字体（案例用的是方正卓越体）、大小，参数设置如图 6.117 ~ 图 6.123 所示。

图 6.114　生成圆环效果（2）

图 6.115　置入素材建筑线稿

图 6.116　置入素材学校 logo 骨干院校

图 6.117　文字效果

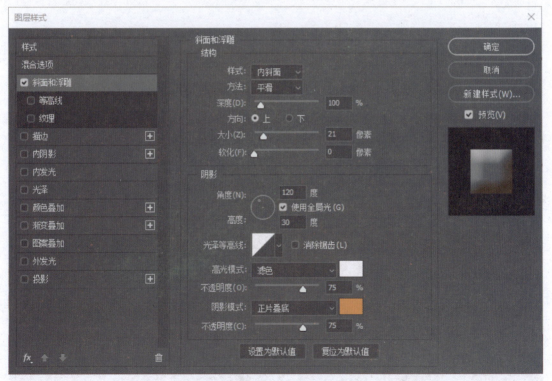

图 6.118　"斜面和浮雕"设置

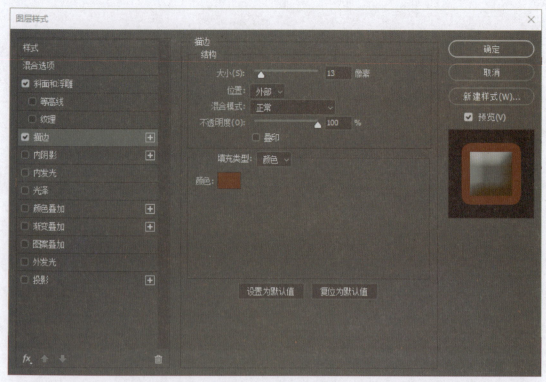

图 6.119 "描边"设置

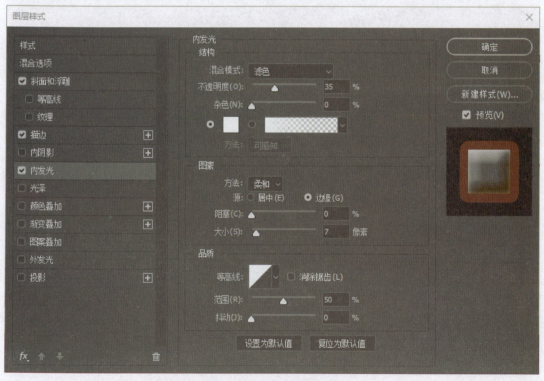

图 6.120 "内发光"设置

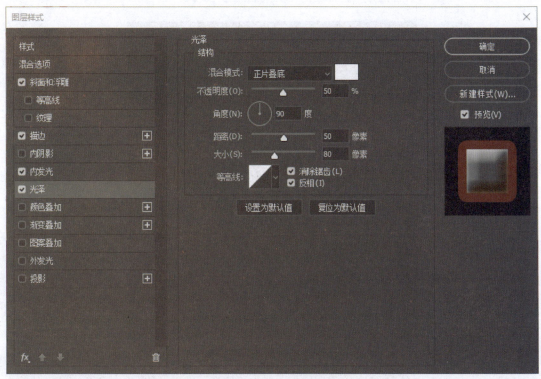

图 6.121　"光泽"设置

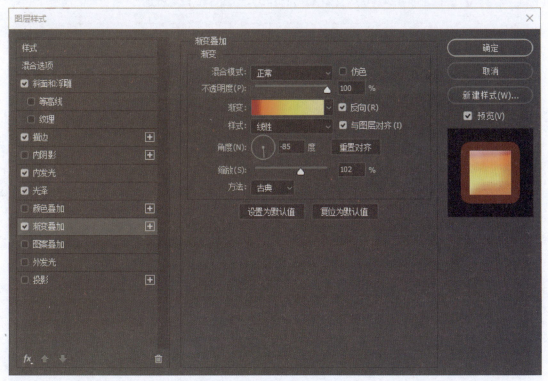

图 6.122　"渐变叠加"设置

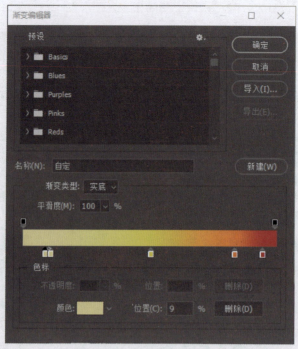

图 6.123　渐变编辑器设置

（11）从左到右，色标对应的 RGB 值分别为（250，233，158）、（250，233，158）、（255，222，0）、（253，124，0）、（215，14，40），如图 6.124 所示。

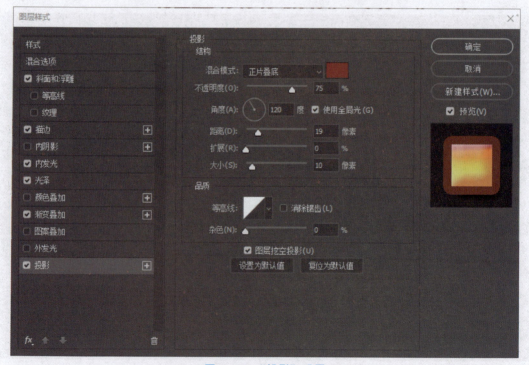

图 6.124　"投影"设置

图 6.124 中，投影颜色 RGB（173，13，0），文字效果如图 6.125 所示。

（12）选取工具箱中的"文字工具"，输入"学习贯彻党的二十大精神宣讲主题活动"，选择合适的字体、大小，放置在"建功新时代　奋进新征程"下方，如图 6.125 所示。

图 6.125　文字效果

（13）选取工具箱中的"钢笔工具"，勾画出如图 6.126 所示的形状，设置前景色 RGB（230，0，38）、背景色 RGB（186，8，31），填充形状为前景色到背景色渐变。

图 6.126　勾画形状并填充渐变色

（14）用相同的方法勾画出其余的波浪图形，如图 6.127 所示。

图 6.127　勾画其余的波浪图形

（15）用钢笔勾画出 2 根曲线，让下面的波浪更有动感，如图 6.128 所示。

图 6.128　绘制 2 根曲线

（16）先选择铅笔工具，再设置铅笔工具的笔头大小为 3 像素，硬边圆。将前景色设置为白色。再选择钢笔工具，鼠标指针指向路径，右击，选择"描边路径"，如图 6.129 所示，效果如图 6.130 所示。

图 6.129　"描边路径"面板

（17）以相同方式画出另外一条曲线，如图 6.131 所示。

（18）整体画面效果如图 6.132 所示。

图 6.130　绘制曲线（1）

图 6.131　绘制曲线（2）

图 6.132　最终效果

七、课后任务

（1）新建一个 20 cm×20 cm 的文档，白色背景，应用图层样式制作手环，效果如图 6.133 所示。

（2）用文字的 3D 模式生成如图 6.134 所示的 3D 立体字。

图 6.133　手环效果

图 6.134　3D 立体字

八、任务工单

实施工单过程中填写如下工作日志。

工作日志

日期	工作内容	问题及解决方式

完成人：　　　　　　　　　　　　日期：

匠 心 筑 梦 纪

沟通的艺术——
设计师与客户的共识

艺术边界——创意
表达与社会服务的对话

九、任务总结

完成上述任务后，填写下列任务总结表。

任务总结表

完成人： 日期：

十、考核评价

填写项目评价表。

项目评价表

评分项	优秀要求	分值	备注	自评	他评
项目资讯	能够熟练掌握并准确回答关于图层复制、删除、显示/隐藏、链接、合并等操作，理解图层不透明度与填充不透明度的区别，掌握图层模式的应用，以及文字录入与设置等关键知识点	3	错误一项扣0.5分，扣完为止		
项目实施	按照要求完成本项目任务的操作	3	错误一项扣0.5分，扣完为止		
项目拓展	按要求完成课后任务	2	错误一项扣0.5分，扣完为止		
其他	工作日志和任务总结表填写详细，能够反映实际操作过程	2	没有填或者太过简单，每项扣0.5分		

完成人： 日期：

情境四

构建卓越网页

　　党员 e 家网页是一个专为党员设计的在线平台，旨在提供一站式服务。集成了活动发布、政策传达和信息共享等功能。通过这个平台，党员们可以轻松获取最新的党务动态，参与线上活动，同时加强彼此间的交流与联系，促进党建工作的数字化和信息化。

项目七

党员e家网页设计构建

本项目包括两个任务：设计精致登录页面；呈现首页视觉传达。

一、项目情境

小沈同学已经掌握了网页制作的基本步骤和网页元素的设计方法，现接到项目经理分配的任务，要求其制作一个党员 e 家网页设计网站首页。小沈信心满怀，决心要出色地完成此次任务。

二、项目描述

本项目旨在使用 Photoshop 设计一个既美观又实用的党员之家网页，包括登录和首页。页面将展现现代、简洁、专业的风格，旨在为党员提供一个便捷的平台，方便他们获取党的活动、政策和信息，同时促进党员间的沟通与联系。

三、项目分析

1. 目标受众：党员 e 家是一个面向广大党员、干部、群众的网络学习平台，提供党的知识、党务管理、党员教育、党建活动等内容的网站，制作前，需要了解目标受众的需求、喜好、习惯等，以及网站想要传达给他们的信息和价值观等内容。

2. 设计素材的选择：需要选择与党员 e 家的主题和特色相关的素材，来体现党的理念和精神，突出党员 e 家的形象和服务内容。

3. 绘图技术与工具：利用调整工具、滤镜和特效，优化素材的质量和艺术性，增加网页的吸引力和冲击力。

4. 布局与排版：要遵循网页设计的基本原则，如对齐、对比、重复、统一等，提高网页的美观性和实用性。

5. 用户体验与反馈：了解用户对党员 e 家这个网络学习平台的感受和建议，找出用户的需求和痛点，为党员 e 家的优化和改进提供依据和方向。

▌设计师的故事

全球未来视界·蜕变启航：中国平面设计深度探索之旅，邀您扫码共学，洞悉设计前沿，携手跨越创意新纪元！

中国平面设计：
蜕变与未来

四、项目资讯

1. 什么是图像的色彩模式？
2. 直方图有什么作用？
3. 学会对图像进行简单颜色调整，以及明暗、色调、通道调整。

五、知识准备

本项目知识图谱如图 7.1 所示。

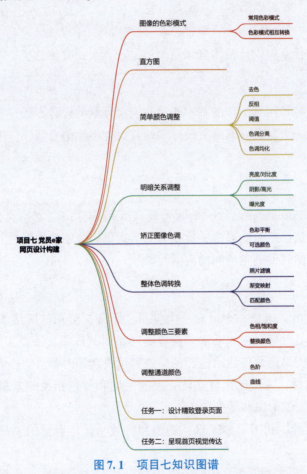

图 7.1　项目七知识图谱

7.1　图像的色彩模式

在 Photoshop 中，颜色模式决定了图像显示和打印的颜色系统。Photoshop 默认使用 RGB 模式，适用于屏幕显示；而 CMYK 模式则用于彩色印刷。此外，Photoshop 还支持位图、灰度、双色调、索引颜色、Lab 颜色和多通道等多种颜色模式。

除了在项目一中介绍的 RGB 颜色模式、CMYK 颜色模式、Lab 颜色模式外，其他色彩模式的介绍请扫码学习。

扫码学习色彩模式的使用和色彩模式的转换方法。

常用色彩模式

色彩模式间的相互转换

直方图和色阶调色

7.2 直方图

直方图是用图形表示每个亮度级别的条形图，展示像素在图像中的分布情况。直方图可以帮助确定某个图像是否有足够的细节来进行良好的校正。直方图左边显示阴影中的细节，中部显示中间调，右侧显示高光部分。从 0 到 255 共 256 级，分布在最左端到最右端，0 为黑色，255 为白色，低色调图像的细节集中在阴影处，高色调图像的细节集中在高光处，而平均色调图像的细节集中在中间处。也就是说，左端的峰值多，说明图像偏暗，右端的峰值多，说明图像太亮，两端的峰值都多，说明图像的对比过于强烈，好的亮度图像是希望直方图逐渐细，然后逐渐消失。直方图如图 7.2 所示。

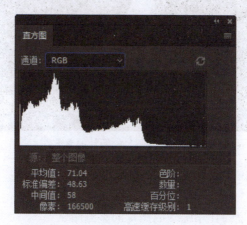

图 7.2 直方图

直方图各个参数：

①平均值：表示平均亮度值。

②像素：表示用于计算直方图的像素综合。

③色阶：显示指针下面的区域的亮度级别。

④数量：表示指针下面亮度级别的像素总数量。

⑤百分位：显示指针所指的级别或该级别以下的像素累计数。值以图像中所有像素的百分数形式来表示，从左侧的 0% 到右侧的 100%。

实例分析：

（1）图 7.3 所示为曝光过度的照片的直方图。

图 7.3　曝光过度的照片的直方图

分析：大部分像素都位于右侧，右侧发生溢出，高光部分的像素很多变成白色，高光区细节损失较大，图像太亮。

（2）图 7.4 所示为曝光不足的照片的直方图。

图 7.4　曝光不足的照片的直方图

分析：大部分像素都位于左侧，左侧发生溢出，阴影部分的像素很多变成黑色，阴影区细节损失较大，图像偏暗。

（3）图 7.5 所示为亮度对比不强烈的照片的直方图。

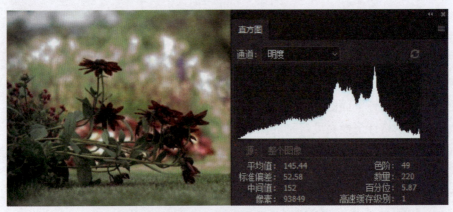

图 7.5　亮度对比不强烈的照片的直方图

分析：两端像素数目很少，大部分都在中间区域，图像对比度不强烈。

综述：一个图片是否需要调整，得看具体的图像和需求。例如，如果一个人在雪天照相，那么右侧发生溢出，你不能说图像太亮了需要调整；直方图只作为一个参考出现，怎么调整由用户自己分析后确定。

物体表面色彩的形成取决于三个方面，即光源的照射、物体本身反射一定的色光、环境与空间对物体色彩的影响。

客观世界的色彩千变万化，各不相同，但任何色彩都有色相、明度、纯度 3 个方面的性质，又称为色彩的三要素，而且当色彩间发生作用时，除以上 3 种基本条件外，各种色彩彼此间形成色调，并显现出自己的特性，因此，色相、明度、纯度、色调及色性 5 项构成了色彩的要素。

Photoshop 的"调整"菜单中包括多个颜色调整命令，通过这些命令可以调整图像明暗关系以及整体色调。

当需要处理的图像要求不是很高时，可以运用"亮度/对比度"→"自动色调"→"自动颜色"/"变化"等命令对图像有色彩或色调进行快速而简单的总体调整。

7.3　简单颜色调整

在 Photoshop 中，有些颜色调整命令不需要复杂的参数设置，也可以更改图像颜色。例如，"去色""反相""阈值"命令等。

扫码学习图像去色、反相和阈值设置技巧。

知识驿站

去色、反相和阈值设置技巧

知识驿站

我要更靓——调整图像的颜色和色调

7.4　明暗关系调整

对于色调灰暗、层次不分明的图像，可使用针对色调、明暗关系的命令进行调整，以增强图像色彩层次。

7.4.1　亮度/对比度

使用"亮度/对比度"命令可以直观地调整图像的明暗程度。与"色阶"命令和"曲线"命令不同的是，"亮度/对比度"命令不考虑图像中各通道颜色，而是对图像进行整体的调整，可以让灰蒙蒙照片更鲜亮。

选择"图像"→"调整"→"亮度/对比度"命令，将打开如图 7.6 所示的对话框。

"亮度/对比度"对话框中的参数如下。

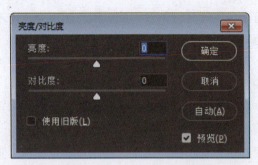

图7.6 "亮度/对比度" 对话框

"亮度" 选项：拖移滑块或者在数值框中输入数值（取值范围为 – 150 ~ 150），可以调整图像的亮度。当值为0时，图像亮度不发生变化；当值为负数时，图像亮度下降；当值为正数时，图像亮度增加。

"对比度" 选项：取值范围为 – 50 ~ 100，当值为负数时，图像对比度下降；反之，图像对比度增加。

（1）按快捷键 Ctrl + O 打开一幅素材图像，如图7.7所示。

图7.7 素材图像

（2）在菜单栏中选择 "图像"→"调整"→"亮度/对比度" 命令，打开 "亮度/对比度" 对话框，如图7.8所示。拖动亮度下面的滑块（或直接在后面的框中输入数值），调整图像的亮度，如图7.9所示。

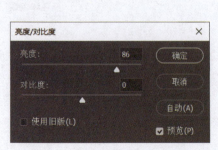

图7.8 "亮度/对比度" 对话框

图7.9 调整图像的亮度

（3）向右拖动"对比度"下面的滑块，可以增加图像的对比度；反之，则降低图像的对比度，如图 7.10 所示。调整"对比度"效果如图 7.11 所示。

图 7.10　"亮度/对比度"对话框　　　　　图 7.11　调整"对比度"效果

（4）勾选"使用旧版"选项，可以将亮度和对比度作用于图像中的每个像素，如图 7.12 所示。"使用旧版"效果如图 7.13 所示。

图 7.12　勾选"使用旧版"　　　　　　图 7.13　"使用旧版"效果

7.4.2　阴影/高光

"阴影/高光"命令能够使照片内的阴影区域变亮或变暗，常用于校正照片内因光线过暗而形成的暗部区域，也可校正因过于接近光源而产生的发白焦点。

"阴影/高光"命令不是简单地使图像变亮或变暗，它基于阴影或高光中的周围像素（局部相邻像素）增亮或变暗。正因如此，阴影和高光都有各自的控制选项。默认值设置为修复具有逆光问题的图像。单击"显示更多选项"，将显示"颜色""中间调""修剪黑色"和"修剪白色"选项，用于调整图像的整体对比度。

案例：下面用"阴影/高光"命令做有通透感的照片

（1）对原图（图 7.14）所在图层，按快捷键 Ctrl + J，复制一个图层。选择"图像"→"调整"→"阴影/高光"命令，打开"阴影/高光"对话框，如图 7.15 所示。调整后，照片比原来亮了一些，如图 7.16 所示。

图 7.14　原图

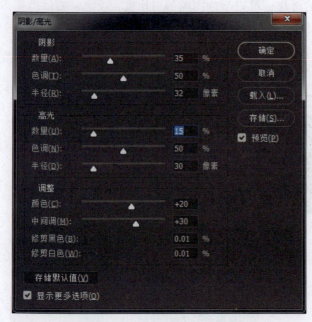

图 7.15 "阴影/高光"对话框

图 7.16 效果（1）

（2）按快捷键 Ctrl + M 打开"曲线"面板，使照片的高光和暗部反差更大一点，这样照片中的亮部会因为对比而显得更明亮。参数设置如图 7.17 所示。

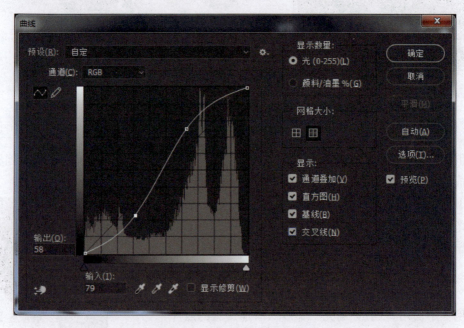

图 7.17 "曲线"面板参数设置

（3）设置曲线的通道选项，分别选择红色、绿色和蓝色。调整整体色调到满意为止，参数设置如图 7.18 ~ 图 7.20 所示。效果如图 7.21 所示。

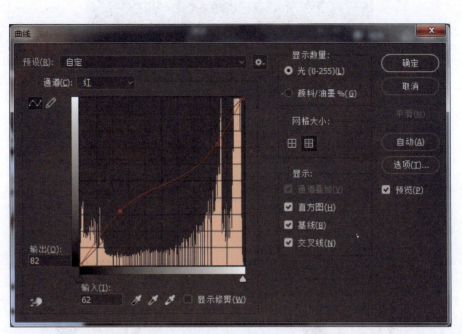

图 7.18　红色通道

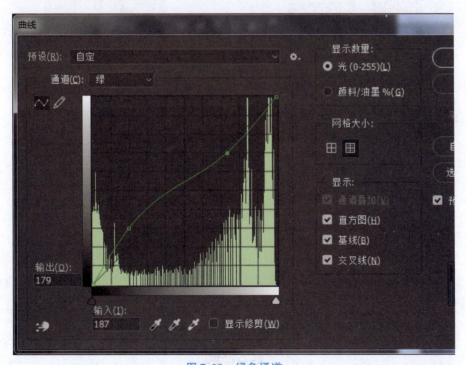

图 7.19　绿色通道

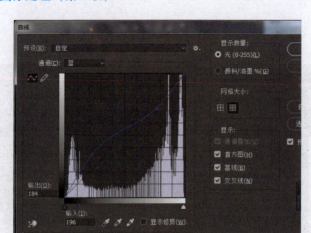

图7.20　蓝色通道

（4）选择"滤镜"→"锐化"→"锐化"，加强效果。图7.22所示是最终效果。

图7.21　效果（2）

图7.22　最终效果

扫码学习调整曝光度的方法。

知识驿站

曝光度

● 矫正图像色调

"色彩平衡"与"可选颜色"命令的作用相似，均可对图像的色调进行矫正。不同之处在于，前者是在明暗色调中增加或减少某种颜色，后者是在某个颜色中增加或减少颜色含量。

扫码学习色彩平衡和可选颜色调整技巧。

知识驿站

色彩平衡和可选颜色调整技巧

● 整体色调转换

一幅图像虽然具有多种颜色，但总体会有一种倾向，是偏蓝或偏红，或是偏暖或偏冷等，这种颜色上的倾向就是一幅图像的整体色调。在 Photoshop 中，改变图像整体色调的命令有"照片滤镜""匹配颜色"及"变化"等。

扫码学习照片滤镜、颜色匹配和图像变化的调整技巧。

知识驿站

照片滤镜、颜色匹配和
图像变化的调整技巧

7.5　调整颜色三要素

任何一种色彩都有它特定的明度、色相和纯度，而使用"色相/饱和度"与"替换颜色"命令可针对图像颜色的三要素进行调整。

"色彩平衡"与"可选颜色"命令的作用相似，均可对图像的色调进行矫正。不同之处在于，前者是在明暗色调中增加或减少某种颜色，后者是在某个颜色中增加或减少颜色含量。

7.5.1　色相/饱和度

视界工坊

茶水变色记

图像色彩的调整不仅仅是对色彩对比度的调整，它的另外一个重要方面是对图像颜色属性的调整。"色相/饱和度"命令可以分别对图像的色相、饱和度和明度参数进行精确的控制。执行"图像"→"调整"→"色相/饱和度"命令，即可打开"色相/饱和度"对话框，如图 7.23 所示。

图 7.23　"色相/饱和度"对话框

调整时，通常先勾选对话框右下角的"着色"复选框，这样可以将图像变为单一色相调整。随后分别用鼠标拖拉对应参数项下方的三角形滑杆，或者在参数栏中直接输入数值。图 7.24 所示是将一幅原来黑白的照片改变为彩色的效果。

色相是色彩的首要特征，是区别于各种不同色彩的最准确的标准。事实上，任何黑、白、灰以外的颜色都有色相的属性，色相由原色、间色和复色构成。

图 7.24　"色相/饱和度"调整效果

拓展

　　从光学意义上讲，色相差别是由光波波长的长短产生的。即便是同一类颜色，也能分为多种色相，如黄色可以分为中黄、土黄、柠檬黄等，灰色则可以分为红灰、蓝灰、紫灰等。饱和度一般是指色彩的鲜艳程度，也称色彩的纯度。使用"色相/饱和度"命令可以纠正偏色，使照片的色彩更鲜艳。

　　使用"色相/饱和度"命令，可以精确地调整图像中单个颜色或整幅图像（所有颜色）的色相、饱和度和亮度。在 Photoshop 中，此命令尤其适用于微调 CMYK 颜色模式下图像中的颜色，以便它们处在输出设备的色域内。

　　1. 调整色相/饱和度

　　执行下列操作之一。

　　①选择"图像"→"调整"→"色相/饱和度"命令。

　　②选择"图层"→"新建调整图层"→"色相/饱和度"命令，打开图 7.25 所示的对话框。在"新建图层"对话框中，单击"确定"按钮，新建的"色相/饱和度"如图 7.26 所示。

图 7.25　"新建图层"对话框

　　2. "色相/饱和度"面板上的参数

　　①选择要调整的颜色时，选择"全图"选项，可以一次性调整整个图像的颜色，也可以在下拉列表中选择单个颜色在。

　　②对于"色相"选项，在其数值框中输入一个值或拖动滑块，数值框中显示的值反映像素原来的颜色在色轮中旋转的度数。正数表示顺时针旋转，负数表示逆时针旋转。值的范围为 −180 ~ +180。

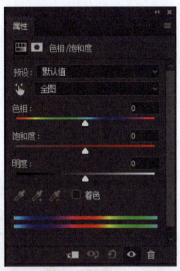

图 7.26 新建的 "色相/饱和度"

③对于"饱和度"选项，在其数值框中输入一个值或拖动滑块，颜色将变得远离或靠近色轮的中心。其中，向右拖动滑块增加饱和度，向左拖动滑块减少饱和度。值的范围为 – 100（饱和度减少，使颜色变暗）~+100（饱和度增加，使颜色变亮）。

④对于"明度"选项，在其数值框中输入一个值或拖动滑块，可以改变图像亮度。其中，向右拖动滑块可以增加亮度（向颜色中增加白色），向左拖动滑块可以降低亮度（向颜色中增加黑色）。值的范围为 – 100（黑色）~+100（白色）。

 小提示

单击"复位到调整默认值"按钮可取消"色相/饱和度"的设置。

下面用"黑白照片变彩照"来说明上述知识点的应用。

在 Photoshop 中打开本项目素材，如图 7.27 所示。按快捷键 Ctrl + J 复制背景图层为图层 1。图 7.28 所示是上色后的效果图。

图 7.27 素材

图 7.28 效果图

步骤 1：创建图层和蒙版

（1）在"图层"面板中，将"背景"图层拖放至"图层"面板下方的"创建新图层"

按钮上 ，复制图层，重命名为"基础蒙版"。

（2）单击"图层"面板下方的"添加图层蒙版"按钮，为"基础蒙版"的图层创建蒙版。前景色设为白色，背景色设为黑色，按快捷键 Ctrl + Delete 将蒙版填充为黑色。

步骤 2：为皮肤上色

（1）将名为"基础蒙版"的图层拖放到"创建新图层"按钮上，创建一个副本，并重命名为"皮肤"。确认前景色为白色，并选择"画笔工具"，在其工具属性栏中设置合适的画笔大小，然后在图片中女孩的皮肤上涂画，同时观察蒙版的变化，得到如图 7.29 所示的结果。

图 7.29　得到的结果

（2）在蒙版上画好人物皮肤后，单击图层，并按快捷键 Ctrl + U，打开"色相/饱和度"对话框，根据自己的需要来调节人物的肤色。

（3）调节完人物肤色后，会发现有很多部分不是很理想，下面进行细节上的调整。使用"放大工具"放大局部皮肤部分，查看皮肤与其他部分的衔接处，如果这里的皮肤没有着色，则使用"画笔工具"再涂一下，如果颜色超出了皮肤的范围，则需要将前景色设置为黑色后，再在这些地方涂画，直到满意为止，如图 7.30 所示。

图 7.30　修饰图

步骤 3：为嘴唇上色

（1）将名为"基础蒙版"的图层拖放到"创建新图层"按钮上，创建一个副本，并重命名为"嘴唇"。

（2）用"钢笔工具"或"套索工具"把嘴唇轮廓勾画出来，用"油漆桶工具"在选区中填充白色，按快捷键 Ctrl + U，打开"色相/饱和度"对话框来调节嘴唇的颜色。

步骤 4：为头发上色

如果想制作带颜色的头发，方法类同嘴唇上色，细节部分利用蒙版特性进行修改。适当地调节画笔的不透明度会使上色达到意想不到的效果。

步骤 5：修改眼睛的颜色

利用白色的画笔在"皮肤"图层中将眼睛应该是白色的地方修改为白色，效果如图 7.31 所示。

图 7.31　效果

7.5.2 替换颜色

使用"替换颜色"命令可以将图像中选中的颜色用其他颜色替换，并可以对选中颜色的色相、饱和度、亮度进行调整。

（1）按快捷键 Ctrl + O 打开一幅素材图像，如图 7.32 所示。

图 7.32　素材图像

（2）在菜单栏中选择"图像"→"调整"→"替换颜色"命令，打开"替换颜色"对话框。

默认状态下，"吸管"为选中状态，在图像窗口中相应的位置单击，选取图像中替换的颜色，如单击草地，如图 7.33 所示。

（3）向右拖动"颜色容差"选项滑块，扩大颜色的区域，然后使用"添加到取样"工具在图像上多次单击，选取图像颜色。

（4）设置"替换"选项区域中的选项，单击"结果"上边的颜色块，设置要替换颜色的结果色。

（5）设置完成后，单击"确定"按钮，效果如图 7.34 所示。

图 7.33　"替换颜色"对话框

图 7.34　效果

7.6 调整通道颜色

在 Photoshop 中，通过颜色信息通道调整图像色彩的命令有"色阶""曲线"与"通道混合器"命令，它们可以用来调整图像的整体色调，也可以对图像中的个别颜色通道进行精确调整。

7.6.1 色阶

"色阶"命令通常用来补偿图像扫描输入时的偏差，它可以使图像获得丰富的层次感和鲜明的对比。具体的用法如下：打开一幅需要进行调整的图像文件，随后执行"图像"→"调整"→"色阶…"命令，或直接按快捷键 Ctrl + L，打开"色阶"对话框，如图 7.35 所示。

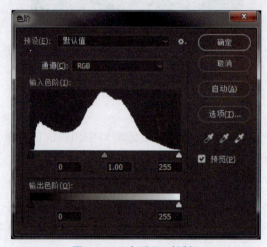

图 7.35 "色阶"对话框

在对话框中可以通过调整"输入色阶"和"输出色阶"来控制图像的明暗对比，调整时，用鼠标拖曳对话框下方的三角形滑杆或者在参数栏中直接输入数值即可。

当图像偏暗或偏亮时，可以使用"色阶"命令来调整图像的明暗度。它可以使暗淡的照片变得鲜艳，使模糊的图像变得清晰。

此操作不仅可以对整个图像进行，也可以对图像的某一选取范围、某一图层图像，或某一个颜色通道进行。

案例：

（1）按快捷键 Ctrl + O 打开一幅素材图像，如图 7.36 所示。

（2）按快捷键 Ctrl + J 复制"背景"图层，得到"图层 1"图层，如图 7.37 所示。

（3）按快捷键 Ctrl + L 打开"色阶"对话框，并设置参数，单击"确定"按钮，效果如图 7.38 所示。

（4）按快捷键 Ctrl + J 复制"图层 1"，得到"图层 1 副本"图层。在菜单栏中选择"滤镜"→"锐化"→"USM 锐化"命令，打开"USM 锐化"对话框，设置参数，单击"确定"按钮，如图 7.39 所示。

图 7.36　素材图像

图 7.37　"图层"面板

图 7.38　"色阶"对话框

图 7.39　"USM 锐化"对话框

（5）按快捷键 Ctrl + J 复制图像，得到"图层 1 副本 2"图层。按快捷键 Ctrl + L 打开"色阶"对话框，设置参数，如图 7.40 所示。单击"确定"按钮，效果图如图 7.41 所示。

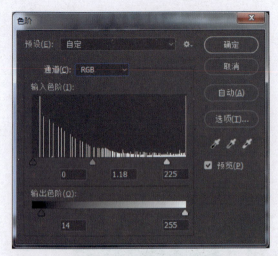

图 7.40 "色阶"对话框

图 7.41 效果图

Photoshop 提供了自动调整色阶的功能，如图 7.42 所示。

单击"色阶"对话框右侧的"选项"按钮，打开"自动颜色校正选项"对话框，更改对话框内的选项设置，可以设置自动校正颜色功能，如图 7.43 所示。

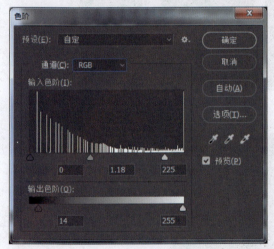

图 7.42 自动调整色阶

图 7.43 "自动颜色校正选项"对话框

 小提示

色阶数值在取值范围内变化，数值越小，图像色彩变化越剧烈；数值越大，色彩变化越轻微。

7.6.2 曲线

色彩对比度的调节除了使用"色阶"命令之外，"曲线"命令的应用也十分常见，它的功能和"色阶"命令类似，但最大的不同是它可以做更多、更精细的设定。使用"曲线"

命令可以综合调整图像的亮度、对比度和色彩，使画面色彩显得更为协调；因此，曲线命令实际是"色调"→"亮度/对比度"设置的综合使用。

选择"图像"→"调整"→"曲线…"命令，或者按快捷键 Ctrl + M，打开"曲线"对话框，如图 7.44 所示。

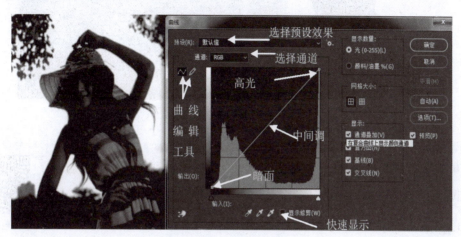

图 7.44 "曲线"对话框

（1）预设：在"预设"下拉列表中，可以选择 Photoshop 提供的一些设置好的曲线。

（2）输入：显示原来图像的亮度值，与色调曲线的水平轴相同。

（3）输出：显示图像处理后的亮度值，与色调曲线的垂直轴相同。

（4）　"通过添加点来调整曲线"：此工具可在图表中各处添加节点而产生色调曲线；在节点上按住鼠标左键并拖动可以改变节点位置，向上拖动时色调变亮，向下拖动则变暗。如果需要继续添加控制点，只要在曲线上单击即可；如果需要删除控制点，只要拖动控制点到对话框外即可。

（5）　"使用铅笔绘制曲线"：选择该工具后，鼠标形状变成一个铅笔指针形状，可以在图标区中绘制所要的曲线，如果要将曲线绘制为一条线段，可以按住 Shift 键，在图表中单击定义线段的端点。按住 Shift 键单击图表的左上角和右下角，可以绘制一条反向的对角线，这样可以将图像中的颜色像素转换为互补色，使图像变为反色；单击"平滑"按钮，可以使曲线变得平滑。

（6）光谱条：拖动光谱条下方的滑块，可在黑色和白色之间切换。

注意：按住 Alt 键，界面右上方的"取消"按钮将转换为"复位"按钮，单击"复位"按钮，可将对话框恢复到曲线打开时的状态。

可以通过改变曲线的弯曲形状来调整图像的色彩效果。操作时，只需将鼠标移动到曲线上，然后按住左键并拖动即可改变曲线的形状，松开鼠标后，就可以得到一个曲线节点。再次执行上述操作，得到另外一个曲线的节点，将曲线调整到如图 7.45 所示的形状，这样可以使图像产生强烈的明暗对比，调整后的皮肤光泽感很强。

调整曲线显示单位的方法：单击选择"显示数量"下方的"光"或者"颜料/油墨"选项，可以将曲线的"显示数量"在百分数和像素值之间转换。转换数值显示方式的同时，

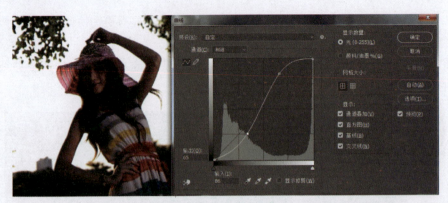

图 7.45　曲线调整的形状

也会改变亮度的变化方向。在默认状态下，色谱带表示的颜色是从黑到白，输入值从左到右、从下到上是逐渐增加的。当切换为百分数显示时，则黑、白互换位置，变化方向刚好与原来的相反。

知识驿站

特殊色调调整

 小提示

　　影楼后期设计人员为提高工作效率，在调色过程中经常会选择"曲线"代替一些工具进行操作，以节省操作时间，效果很明显。特别是对同一类型照片，如果用"曲线"调色并将数值进行复制，更容易实现一定程度的批量调修。

六、项目实施

任务一：设计精致登录页面

（1）双击打开 Photoshop，单击"新建"命令（快捷键 Ctrl + N），弹出"新建文档"对话框，设置名称：党员 e 家登录页面，宽为 1 920 像素，高为 1 080 像素，分辨率为 72 像素/英寸，颜色模式为 RGB 颜色、8 bit，背景颜色为白色。设置完毕后，单击"创建"按钮，如图 7.46 所示。

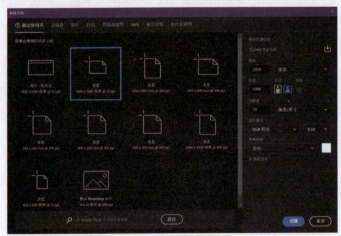

图 7.46　创建文档

（2）在图层控制面板中单击"新建图层"按钮 ▣ 新建图层，全选（快捷键 Ctrl + A）后，在当前图层中填充前景色（快捷键 Alt + Delete）RGB（230，25，25），如图 7.47 和图 7.48 所示。

图 7.47　调整前景色

图 7.48　填充前景色

（3）在图层控制面板中单击"新建图层"按钮 ▣ 新建图层，将素材中的背景素材拖入 Photoshop 中，在图层控制面板中将不透明度调整为 55%，如图 7.49 和图 7.50 所示。

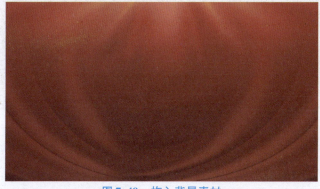

图 7.49　拖入背景素材

图 7.50　调整背景素材图层不透明度

（4）在图层控制面板中单击"新建图层"按钮▣新建图层，在左侧工具栏中单击"矩形工具"按钮▣，在画面中创建宽为 1 920 像素、高为 75 像素的白色 RGB（255，255，255）矩形。将其置于画面顶部，如图 7.51 和图 7.52 所示。

图 7.51　创建矩形

图 7.52　置于画面顶部

（5）在工具栏中单击"文字工具"▣，单击画面，输入文字：党员 e 家综合服务平台，字体为黑体（本文所用字体皆为黑体），颜色为 RGB（172，35，23），文字大小为 18 点，并将其置于（X：389 像素，Y：28.5 像素）处，如图 7.53 和图 7.54 所示。

图 7.53　设置字体颜色

图 7.54　放置字体位置

（6）在工具栏中单击"文字工具"　T.，单击画面，输入文字：站点管理 | 数据分析 | 个人中心 | 联系我们，颜色值为 RGB（102，102，102），文字大小为 16 点，并将其置于（X：1 057.5 像素，Y：26.7 像素）处，如图 7.55 和图 7.56 所示。

图 7.55　字体颜色设置

图 7.56　位置字体放置

（7）在工具栏中单击"矩形工具" ■，单击画面，创建宽为 71 像素、高为 31 像素的矩形 RGB（172，35，23），拖曳其四角的原点将其改为圆角矩形，置于（X：1 463 像素，Y：21 像素）处。在工具栏中单击"文字工具" ■，输入文字：注册，字体大小为 16 点，颜色为白色，并将其置于圆角矩形中心，如图 7.57 所示。

图 7.57　制作注册按钮

（8）将素材中的公司 logo 拖入 Photoshop，大小调整为宽 133 像素、高 133 像素，置于（X：920 像素，Y：271 像素）处。在图层控制面板上右击公司 logo 图层，打开混合选项，进入"渐变叠加"面板，样式选择"线性"，角度为 112 度。单击渐变条进入"渐变编辑器"面板，将最左边的点的色彩设置为 RGB（222，107，0），最右边的点的色彩设置为 RGB（255，241，204），按住 Alt 键进行复制拖动，如图 7.58 和图 7.59 所示。

图 7.58　渐变编辑器调整

图 7.59　logo 色彩渐变后效果

（9）在工具栏中单击"文字工具" ▥，单击画面，输入：党员 e 家，字体大小为 70 点，文字间距为 200，颜色为白色 RGB（255，255，255），置于（X：837.4 像素，Y：440.7 像素）处。在图层控制面板上右击，单击党员 e 家文字图层，打开"混合选项"，选择"投影"，混合模式为正片叠底，不透明度为 48％，角度为 121 度，距离为 6 像素，扩展为 5％，大小为 6 像素，单击"确定"按钮，如图 7.60 和图 7.61 所示。

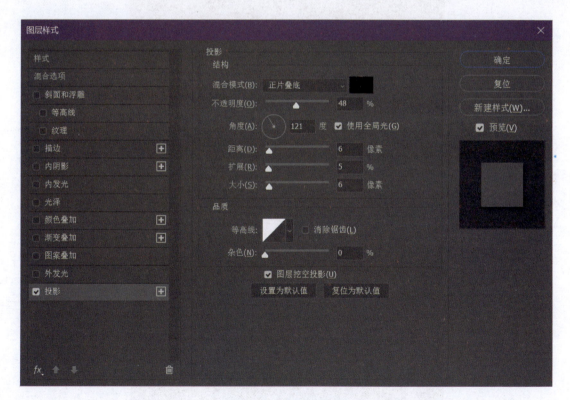

图 7.60　混合选项 – 投影

图 7.61　完成主标题

（10）在工具栏中单击"直线工具" ◢，按住 Shift 键向右画一条长 282 像素的白色 RGB（255，255，255）无描边直线，置于（X：606 像素，Y：629 像素）处。画一条相同的直线，置于（X：892 像素，Y：629 像素）处。再画一条长 100 像素的白色 RGB（255，255，255）无描边直线，置于（X：1 209 像素，Y：629 像素）处，如图 7.62 所示。

图 7.62　绘制账号、密码输入区

（11）将素材中的人物、锁和眼睛拖入 Photoshop 中。人物大小修改为宽 20 像素、高 25 像素，置于（X：609 像素，Y：600 像素）处；锁大小修改为宽 16 像素、高 23 像素，置于（X：869 像素，Y：600 像素）处；眼睛大小修改为宽 31 像素、高 18 像素，置于（X：1 137 像素，Y：603 像素）处，如图 7.63 所示。

图 7.63　添加账号、密码区域提示图

（12）在工具栏中单击"矩形工具"█，单击画面，创建宽为 84 像素、高为 31 像素的白色矩形，置于（X：1 324 像素，Y：599 像素）处；在工具栏中单击"文字工具"██，单击画面，随意输入四个数字，大小为 22.25 点，字间距为 200，颜色为黑色 RGB（0，0，0），置于刚刚创建的白色矩形中，如图 7.64 所示。

图 7.64　制作验证码

（13）在工具栏中单击"矩形工具"█，单击画面，创建宽为 165 像素、高为 42 像素的矩形 RGB（231，44，29），拖曳其四角的原点，将其改为圆角矩形，置于（X：691 像素，Y：694 像素）处。在图层控制面板上右击图层，在混合选项中加入投影。在工具栏中单击"文字工具"██，输入：登录，字体大小为 24 点，颜色为白色，字体间距为 200，并将其置于圆角矩形中心，如图 7.65 和图 7.66 所示。

图 7.65　设置圆角矩形颜色

图 7.66 制作登录按钮

（14）在工具栏中单击"文字工具" ，单击画面，输入：注册 | 忘记密码 | 常见问题 | 咨询电话，字体大小为 20 点，颜色为白色，字体间距为 0，置于（X：943.8 像素，Y：706.5 像素）处，如图 7.67 所示。

图 7.67 输入"常见问题"等文字

（15）在工具栏中单击"文字工具" ，单击画面，分别输入：账号、密码、验证码，字体大小为 18.5 点，颜色为白色，字体间距为 200，分别置于（X：641 像素，Y：604.4 像素）处、（X：930 像素，Y：604.4 像素）处、（X：1 212 像素，Y：604.4 像素）处，如图 7.68 所示。

图 7.68 网页登录页面最终效果

任务二：呈现首页视觉传达

（1）双击打开 Photoshop，单击"新建"命名（快捷键 Ctrl + N），弹出"新建文档"对话框，设置名称：党员 e 家首页页面，宽为 1 920 像素、高为 1 080 像素，分辨率为 72 像素/

英寸，颜色模式：RGB 颜色、8 bit，背景颜色为白色。设置完毕后，单击"创建"按钮，如图 7.69 所示。

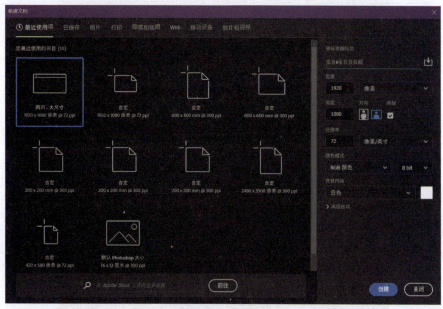

图 7.69　创建文档

（2）在图层控制面板中单击"新建图层"按钮 ⊞ 新建图层，将素材中的背景拖入 Photoshop 中，大小调整为宽 1 920 像素、高 498 像素，置于（X：0 像素，Y：73 像素）处。在图层控制面板中单击"图层蒙版"按钮 ◫，给图片加上蒙版。单击工具栏的"渐变工具" ▣，在工具选项栏中设置为径向渐变，然后单击"可编辑渐变"，弹出"渐变编辑器"对话框。设置色彩 RGB（0，0，0），再设置色彩 RGB（255，255，255），单击"确定"按钮，按住 Shift 键从下向上进行绘制，如图 7.70 和图 7.71 所示。

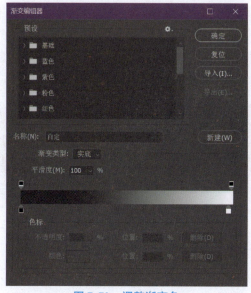

图 7.70　调整渐变色

图 7.71　绘制渐变色

（3）将素材中的点和光素材拖入 Photoshop 中，点的大小调整为宽 1 076 像素、高 686 像素，置于（X：437 像素，Y：-117 像素）处；光的大小调整为宽 1 295 像素、高 682 像素，置于（X：279 像素，Y：-19 像素）处，如图 7.72 所示。

图 7.72　拖入点和光素材

（4）将素材中的公司 logo 拖入 Photoshop，大小调整为宽 98 像素、高 98 像素，置于（X：913 像素，Y：90 像素）处。在图层控制面板右击公司 logo 图层，打开混合选项，进入"颜色叠加"面板，将色彩设置为 RGB（255，241，4），不透明度为 100%，如图 7.73 所示。

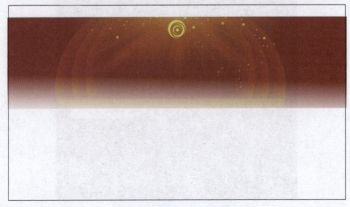

图 7.73　置入公司 logo

（5）在工具栏中单击"文字工具" ，单击画面输入文字：党员 e 家｜综合服务平台，字体为黑体，字体大小为 44.6 点，颜色为白色，置于（X：728.2 像素，Y：223.6 像素）处，如图 7.74 所示。

图 7.74　输入首页标题效果

（6）在工具栏中单击"矩形工具" ，单击画面，创建宽为 1 920 像素、高为 79 像素的矩形，颜色为 RGB（172，35，23），文字大小为 18 点，并将其置于（X：0 像素，Y：322 像素）处，如图 7.75 和图 7.76 所示。

图 7.75　矩形颜色设置

图 7.76　创建矩形

（7）在工具栏中单击"文字工具" T，单击画面，分别输入文字：首页、e 家资讯、e 起学习、e 起行动、e 起交流、e 家服务，字体为黑体，颜色为白色，文字大小为 24 点，并将其分别置于（X：465.7 像素，Y：347.9 像素）处、（X：637.4 像素，Y：347.9 像素）处、（X：813.4 像素，Y：347.9 像素）处、（X：996.4 像素，Y：347.9 像素）处、（X：1 179.4 像素，Y：347.9 像素）处、（X：1 364.4 像素，Y：347.9 像素）处，如图 7.77 所示。

图 7.77　导航栏制作

（8）在工具栏中单击"文字工具" T，单击画面，输入文字：党员 e 家综合服务平台，字体为黑体，颜色为 RGB（172，35，23），文字大小为 18 点，并将其置于（X：389 像素，Y：28.5 像素）处，如图 7.78 和图 7.79 所示。

图 7.78　字体颜色设置

图 7.79　放置字体位置

（9）在工具栏中单击"文字工具" T，单击画面，输入文字：站点管理｜数据分析｜个人中心｜联系我们，字体为黑体，颜色为 RGB（102，102，102），文字大小为 16 点，并将其置于（X：1 057.5 像素，Y：26.7 像素）处，如图 7.80 和图 7.81 所示。

图 7.80　字体颜色设置

图 7.81　放置字体位置

（10）在工具栏中单击"矩形工具" █，单击画面，创建宽为71像素、高为31像素的矩形 RGB（172，35，23），拖曳其四角的点，将其改为圆角矩形，置于（X：1 463像素，Y：23像素）处。再在（X：1 379像素，Y：23像素）处复制一个相同的圆角矩形。在工具栏中单击"文字工具" █，分别输入"注册"和"登录"，字体为黑体，字体大小为16点，颜色为白色，并将其分别置于圆角矩形中心，如图7.82所示。

图7.82　制作注册和登录按钮

（11）在工具栏中单击"矩形工具" █，单击画面，创建宽为1 070像素、高为535像素的白色矩形，置于（X：410像素，Y：400像素）处，如图7.83所示。

图7.83　制作背景板

（12）将素材中的横幅素材拖入 Photoshop 中，大小改为宽1 043像素、高288像素，置于（X：425像素，Y：413像素）处。在工具栏中单击"文字工具" █，单击画面，输入：学习贯彻习近平新时代中国特色社会主义思想主题教育，字体为微软雅黑（粗体），字体大小为52点，颜色为白色，行间距为76点，字间距为0，如图7.84所示。

（13）在工具栏中单击"矩形工具" █，单击画面，创建宽为1 043像素、高为109像素的矩形，颜色为 RGB（253，247，245），置于（X：425像素，Y：718像素）处，如图7.85所示。

图 7.84　制作首页横幅

图 7.85　绘制头条新闻区背景

（14）在工具栏中单击"文字工具" ，单击画面，输入：深入学习和全面贯彻习近平新时代中国特色社会主义思想述评，字体为微软雅黑（粗体），字体大小为 23 点，颜色为 RGB（172，35，23），字间距为 0，如图 7.86 所示。

图 7.86　添加头条标题文字

（15）在工具栏中单击"文字工具" ，单击画面，输入：习近平总书记在主持中共中央政治局第六次集体学习时指出："回顾党的百年奋斗史，我们党之所以能够在革命、建设、改革各个历史时期取得重大成就，能够领导人民完成中国其他政治力量不可能完成的艰巨任务……[详细]。"字体为微软雅黑，字体大小为12点，行间距为19点，字间距为0，颜色为 RGB（182，173，172），最后的"详细"的颜色为 RGB（172，35，23），如图 7.87 所示。

图 7.87　添加头条内容文字

（16）在工具栏中单击"矩形工具" ，单击画面，创建宽为 143 像素、高为 37 像素的矩形，颜色为 RGB（172，35，23），进入自由变换状态（快捷键 Ctrl + T），将其向左上旋转45°，置于（X：384.7 像素，Y：677.9 像素）处；在图层控制面板中按住 Ctrl 键，单击头条背景选中选区，单击工具栏中的"选区工具" ，右击画面，选择"反向"，按Delete 键删除，如图 7.88 所示。

图 7.88　头条标签制作

（17）在工具栏中单击"文字工具" ，单击画面输入：头条，字体为黑体，文字大小为18.7 点，字间距为0，颜色为白色；进入自由变换状态（快捷键 Ctrl + T），将其向左上旋转45°，置于（X：427.4 像素，Y：722.6 像素）处，如图 7.89 所示。

图 7.89　头条标签文字

（18）将素材中的风景图片拖入 Photoshop，大小调整为宽 318 像素、高 220 像素，置于（X：425 像素，Y：844 像素）处，如图 7.90 所示。

图 7.90　置入风景图片

（19）在工具栏中单击"文字工具"，单击画面，输入：中共中央关于在全党深入开展学习贯彻习近平新时代中国特色社会主义思想……，字体为微软雅黑（粗体），字体大小为 19 点，颜色为黑色，字间距为 0，如图 7.91 所示。

图 7.91　底部新闻大标题

（20）在工具栏中单击"文字工具" T，单击画面，输入：习近平总书记在主持中共中央政治局第六次集体学习时指出："中共中央关于在全党深入开展学习贯彻习近平新时代中国特色社会主义思想主题教育的意见（2023 年 4 月 1 日）根据党的二十大部署，党中央决定，以县处级以上领导干部为重点在全党深入开展学习贯彻习近平新时代中国特色社会主义思想主题教育，用党的创新理论统一思想、统一意志、统一行动……［详细］。"字体为微软雅黑，字体大小为 12 点，行间距为 19 点，字间距为 0，颜色为 RGB（182，173，172），最后的［详细］的颜色为 RGB（172，35，23），如图 7.92 所示。

图 7.92　底部新闻内容

（21）在工具栏中单击"直线工具" ，按住 Shift 键向右画一条长 705 像素的无描边直线，RGB（161，151，151），置于（X：767 像素，Y：948 像素）处，如图 7.93 所示。

图 7.93　底部新闻分割线

（22）在工具栏中单击"三角形工具" ，按住 Shift 键创建宽为 16.44 像素、高为 14.25 像素的正三角形，颜色为 RGB（172，35，23）；进入自由变换状态（快捷键 Ctrl + T），将其向左上旋转 30°，置于（X：797.8 像素，Y：968.4 像素）处。再按住 Alt 键向下拖动复制，每隔 11 像素复制一个，如图 7.94 所示。

（23）在工具栏中单击"文字工具" T，单击画面，分别输入文字："牢记总书记嘱托走好新的赶考之路""热烈庆祝中国共产党成立一百零二周年""中国共产党党内统计公报"

图7.94 底部新闻三角形标签

"中国共产党党员队伍继续发展壮大 基层党组织政治功能和组织功能不断增强",字体为微软雅黑,颜色为黑色,文字大小为12点,并将其分别置于(X:816.7像素,Y:967.1像素)处、(X:816.7像素,Y:992.1像素)处、(X:816.7像素,Y:1 016.1像素)处、(X:816.7像素,Y:1 042.1像素)处,最终效果如图7.95所示。

图7.95 党员e家首页页面最终效果

七、课后任务

(1)利用色相/饱和度、曲线等调整图层,调整图7.96所示的素材(秋天)为图7.97所示的效果(夏天)。

图7.96 素材

图7.97 效果

（2）新建一个文件，打开本项目素材，应用调整图层给图 7.98 所示的黑白照片上色（色彩自己定，注意协调）。

图 7.98　素材

八、任务工单

实施工单过程中填写如下工作日志。

工作日志

日期	工作内容	问题及解决方式

完成人：　　　　　　　　　　　　　　日期：

九、任务总结

完成上述任务后，填写下列任务总结表。

任务总结表

完成人：　　　　　　　　　　　　　　日期：

十、考核评价

填写项目评价表。

项目评价表

评分项	优秀要求	分值	备注	自评	他评
项目资讯	掌握使用直方图调整图像亮度的技巧，学会进行基本的颜色调整，包括明暗度、色彩矫正和通道平衡	3	错误一项扣 0.5 分，扣完为止		
项目实施	按照要求完成本项目任务的操作	3	错误一项扣 0.5 分，扣完为止		
项目拓展	完成指定的课后任务	2	错误一项扣 0.5 分，扣完为止		
其他	工作日志和任务总结表填写详细，能够反映实际操作过程	2	没有填或者太过简单，每项扣 0.5 分		

完成人：　　　　　　　　　　　　　　日期：

情境五

设计品牌 VI

设计师们正在讨论一个新的 VI 设计应用任务。他们收集和分析关于客户的品牌和业务的信息，以深入了解他们的需求和目标。在设计 VI 应用的过程中，设计师们将为客户创建一个完整的品牌形象。一个高质量、具有特色的 VI 设计应用为客户的品牌提供了独特的形象和身份识别，增强了他们在目标受众中的品牌认知和可识别度，帮助他们在竞争激烈的市场中脱颖而出。设计师们通过使用 Photoshop 软件的强大功能和技巧，为品牌的成功塑造做出了重要贡献。

项目 八

步源轩VI设计实践创新

本项目包括三个任务：办公事务用品设计（名片设计）；公共关系赠品设计（手提袋设计）；办公环境识别设计（部门导视牌设计）。

一、项目情境

老李是一家设计公司的设计师，他的任务是用 Photoshop 制作一套步源轩企业的 VI 设计。他对中国本土的老字号企业很感兴趣，他想要通过 VI 设计展现出以"弘扬中华民族传统文化，打造中国布鞋时尚精品"为经营宗旨的步源轩企业的风采和精神。他希望这个设计应用能帮助步源轩企业在市场上建立良好的声誉。

二、项目描述

本项目的目标是使用 Photoshop 软件为步源轩企业设计一个令人印象深刻的 VI（视觉识别）设计应用，塑造其品牌形象的影响力。

三、项目分析

1. 品牌背景：通过与步源轩企业的管理团队深入讨论和分析需求，了解企业的历史、文化和价值，确保设计出来的作品能够准确反映它们的特色和意义。

2. 色彩选择：使用 Photoshop 的色彩工具和调整功能，选择适合步源轩企业的色彩方案，根据步源轩企业的文化和形象，选择能够传递正确情感的颜色，提升整体形象的一致性和吸引力。

3. 布局与排版：利用 Photoshop 的矢量工具和编辑功能，规划 VI 设计应用，设计步源轩企业的标志和图形元素，注重细节和准确性，清晰表达步源轩企业的形象和价值。

4. 用户体验与反馈：与步源轩企业的管理团队密切合作和沟通，收集反馈和意见，修改和调整 VI 设计应用，确保最终能够准确传达步源轩企业的价值和形象，满足客户的期望。

设计师的故事

平面设计巨擘：保罗·兰德——跨界创意的先驱，经典美学的传承者，扫码启程，深潜其精妙绝伦的艺术哲学之旅。

解锁设计传奇：梅顿·戈拉瑟与索尔·巴斯的创意宇宙，探索两位巨匠的独特视角与不朽杰作。

设计师的故事

平面设计大师保罗·
兰德

设计师的故事

设计大师梅顿·
戈拉瑟与索尔·巴斯

四、项目资讯

1. 什么是滤镜？
2. 智能滤镜和普通滤镜有什么区别？
3. 学会用消失点滤镜做效果。
4. 学会用液化滤镜做效果。

五、知识准备

本项目知识图谱如图 8.1 所示。

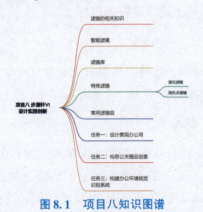

图 8.1　项目八知识图谱

8.1　滤镜的相关知识

为了丰富照片的图像效果，摄影师们在照相机的镜头前加上各种特殊镜片，这样拍摄得到的照片就包含了所加镜片的特殊效果，这种镜片即称为"滤色镜"。

特殊镜片的思想延伸到计算机图像处理技术中，便产生了"滤镜（Filer）"，它是一种特殊图像效果处理技术。一般情况下，滤镜都遵循一定的程序算法，对图像中像素的颜色、亮度、饱和度、对比度、色调、分布、排列等属性进行计算和变换处理，其结果便是使图像产生特殊效果。

Photoshop 的滤镜有内置滤镜（安装 Photoshop 时自带的）和外挂滤镜（安装相关的滤镜

视界工坊

艺术效果滤镜
做油画

文件后才能使用）之分。

1. 滤镜的使用

滤镜可以作用于图层、图层的某一选区、某单通道。应用滤镜前，先选定图层、图层的某一选区、某单通道，再选择"滤镜"菜单下的相应滤镜。滤镜的操作是非常简单的，但是真正用起来却很难恰到好处。如果想在最适当的时候应用滤镜到最适当的位置，除了平常的美术功底之外，还需要用户对滤镜熟悉，甚至需要具有很丰富的想象力，才能有的放矢地应用滤镜。

上次使用的滤镜将默认显示在"滤镜"菜单顶部，按快捷键 Alt + Ctrl + F 可以再次应用上次应用过的滤镜

2. 混合滤镜效果

执行"编辑"→"渐隐"命令（做了什么滤镜效果，渐隐后边显示的就是什么名称），可将应用滤镜后的图像和原图像进行混合，调整已经拥有滤镜效果的图层的不透明度，效果图与原图之间不透明度发生改变，得到特殊效果。

滤镜菜单由四部分组成，如图 8.2 所示。

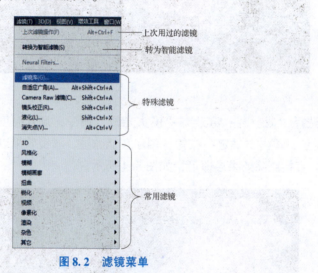

图 8.2 滤镜菜单

8.2 智能滤镜

在使用 Photoshop 进行处理图片时，如果需要进行锐化、模糊等操作，但是又不想破坏图层，这时就需要使用 Photoshop 的智能滤镜功能。智能滤镜只应用于智能对象。智能滤镜就像给图层添加样式一样，在"图层"面板中，用户可以把滤镜删除，或者重新修改滤镜参数。智能滤镜对图层中的图像是非破坏性的，而普通滤镜的功能一旦被执行，原图层就应用滤镜效果了。如果对效果不满意，想恢复原状，只能使用"还原"功能或从"历史记录"面板里退回到执行前。

视界工坊

印象派屏幕背景图案设计（风格化滤镜）

📖 **小提示**

普通图像要转为智能对象，选择"图层"→"智能对象"→"转换为智能对象"即可。

1. 创建智能滤镜

只有把所选择的图层转为智能对象，才能应用智能滤镜。

（1）在 Photoshop 中打开素材 8.2.1，按快捷键 Ctrl + J 复制一层，原图如图 8.3 所示。选择"滤镜"→"转换为智能滤镜"命令，将图层转换为智能对象。

图 8.3　原图

（2）选择"滤镜"→"渲染"→"镜头光晕"命令，设置亮度为 160%，镜头类型为 50 ~ 300 毫米变焦，单击"确定"按钮，创建智能滤镜。滤镜效果以图层后接的层形式存在，如果不满意，直接删除效果层即可，如图 8.4 所示。

图 8.4　创建智能滤镜

对背景图层复制一层，改名为图层 1，在图层不转为智能对象的情况下，对图层 1 直接应用"滤镜"→"渲染"→"镜头光晕"命令，滤镜效果直接应用在原图上，如图 8.5 所示。

图 8.5　直接应用的滤镜

2. 编辑智能滤镜

在"图层"面板中双击相应的智能滤镜名称，可以重新打开该滤镜的设置对话框，修改滤镜的选项，然后单击"确定"按钮。图 8.6 所示的是把"镜头光晕"命令中的镜头类型改为"35 毫米"聚焦的效果。

图 8.6　编辑智能滤镜

将智能滤镜应用于智能对象时，Photoshop 会在"图层"面板中该智能对象下方显示一个空白的蒙版缩略图，可以用画笔在蒙版上操作，单击智能滤镜前的 👁 按钮，分别显示或隐藏它们，也可以通过选择"图层"→"智能滤镜"→"停用/启用智能滤镜"/"添加滤镜蒙版"/"停用滤镜蒙版"实现。拖动智能滤镜蒙版和具体的智能滤镜到面板的 🗑 上，则可删除它们，也可以通过选择"图层"→"智能滤镜"→"清除智能滤镜"命令实现。

8.3　滤镜库

滤镜库将 Photoshop 中提供的部分滤镜集中在一个易于使用的对话框中。在处理图像时，用户可以一次访问、控制和应用多个滤镜。下面用案例说明滤镜库中滤镜的使用方法。

案例1：

（1）在 Photoshop 中打开素材图像，如图 8.7 所示。

图 8.7　素材图像

（2）选择"滤镜"→"滤镜库"命令，打开"滤镜库"对话框，对话框的左侧为预览窗口，中间为滤镜类别，右侧为被选择滤镜的选项参数和应用滤镜效果列表，如图 8.8 所示。单击并展开"画笔描边"滤镜，接着单击"墨水轮廓"滤镜缩览图，对话框右侧出现该滤镜的参数设置选项。设置描边长度为 20，深色程度为 37，光照程度为 10，单击"确定"按钮后，应用该滤镜后的花变成了水墨画效果，如图 8.9 所示。

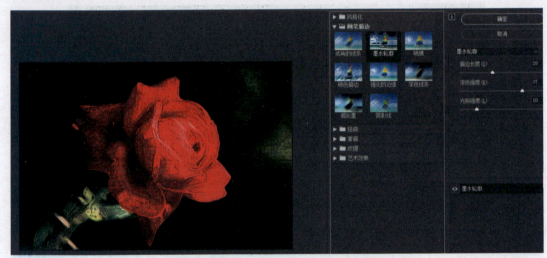

图 8.8　"滤镜库"对话框

图 8.9　"墨水轮廓"滤镜效果

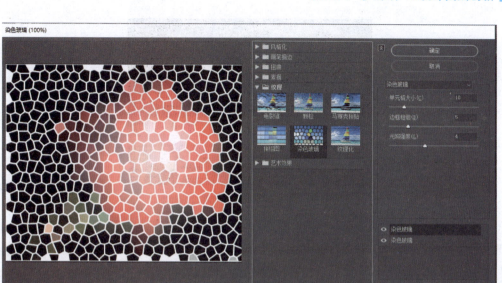

图 8.10 "染色玻璃"参数设置

（3）单击"纹理"滤镜，单击"染色玻璃"滤镜缩览图，设置参数，如图 8.10 所示。单击"滤镜库"对话框右下方的"新建效果图层"按钮▣，创建同名的效果图层。新建效果图层后，滤镜效果将累积应用。单击"确定"按钮，累积应用滤镜的效果是一块玻璃，如图 8.11 所示。

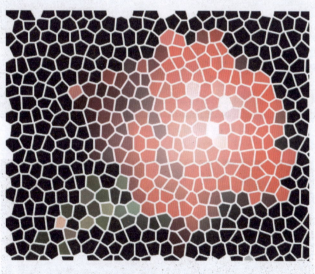

图 8.11 两次应用"染色玻璃"滤镜效果

（4）单击效果图层前的"眼睛"图标 ◉ ，可以将效果图层隐藏/显示。选择效果图层，单击"删除效果图层"按钮 ▣，即可将当前选择的效果图层删除。

案例 2：

（1）在 Photoshop 中打开素材图像，如图 8.12 所示。

图 8.12　素材图像

（2）选择魔棒工具，设置"容差"为120，取消勾选"连续"，选取地面的树叶，按快捷键 Ctrl + Shift + I 反选，用矩形选框工具减选地面以上部分，只留下水面选区。选择"滤镜"→"滤镜库"命令，打开"滤镜库"对话框，在中间滤镜类别处单击并展开"艺术效果"滤镜，接着单击"塑料包装"滤镜缩览图，在对话框右侧出现该滤镜的参数设置选项。参数设置如图 8.13 所示。地面结冰效果如图 8.14 所示。

图 8.13　"塑料包装"滤镜参数设置

图 8.14　地面结冰效果

8.4　特殊滤镜

8.4.1　液化滤镜

液化滤镜可以对图像进行推、拉、旋转、反射、折叠和膨胀等操作，使图像画面产生特殊的艺术效果。

液化滤镜面板左侧"液化"滤镜的工具功能如下。

① "向前变形工具" 。单击该选项按钮，像素沿鼠标拖动的方向变形。

② "重建工具" 。单击该选项按钮，用鼠标反方向拖动上一步中使用向前变形工具产生变形的部分，可使其恢复原来的状态。

③ "褶皱工具" 。单击该选项按钮，在需要变形时长按鼠标左键，使画笔区域内的图像向内侧缩小变形。

④ "膨胀工具" 。单击该选项按钮，在需要变形时长按鼠标左键，使画笔区域内的图像向外侧扩大变形。

⑤ "左推工具" 。单击该选项按钮，垂直向上拖移鼠标时，画笔区域内的图像向左移动（如果向下拖动，则图像向右移动）。围绕对象顺时针拖动鼠标，以增加幅度，或逆时针拖动鼠标，以减小幅度。

"冻结蒙版工具" ：使用此工具后，当遇到液化时容易挤压变形的时候，被冻结的区域就不会改变。

"解冻遮罩工具" ：和冻结蒙版工具功能相反。

（1）打开 Photoshop CC 2022，按快捷键 Ctrl + N 创建宽为 21 cm、高为 28.7 cm，分辨率为 300 dpi，颜色模式为 RGB，背景内容为白色的新项目，如图 8.15 所示。

图 8.15　新建项目

（2）单击"渐变工具" ▣→"渐变编辑器" ▭→"色标" ▣，修改色标的"颜色" ▭，分别为 RGB（51，30，67）和 RGB（40，66，72）。效果如图 8.16 所示。

图 8.16　渐变编辑器

（3）选择"椭圆形工具" ◉，按住 Shift 键绘制一个小的正圆形，RGB（118，106，149），如图 8.17 所示。

图 8.17　绘制正圆形

（4）复制、粘贴，并利用"水平居中分布" ▯和"垂直居中分布" ▤把圆点位置排布均匀，并适当调整颜色和透明度，如图 8.18 所示。

（5）使用"横排文字工具" Ｔ和"竖排文字工具" ＩＴ编辑海报中的文字，文字可以选择适当的颜色，如图 8.19 所示。

（6）打开素材图片，选择"快速选择工具" ▨，使用"添加到选区" ▨选择大熊猫作为选区，如图 8.20 所示。同时，可以使用"从选区减去" ▨减去不需要的选区。

（7）抠出大熊猫的图形后，按快捷键 Ctrl + C 复制图层，按快捷键 Ctrl + J 粘贴到海报内，按快捷键 Ctrl + T 自由变换，调整图像大小，如图 8.21 所示。

（8）按住 Ctrl 键，单击图层面板上的图层 2 缩略图，将抠好的大熊猫图像作为选区载入，如图 8.22 所示。

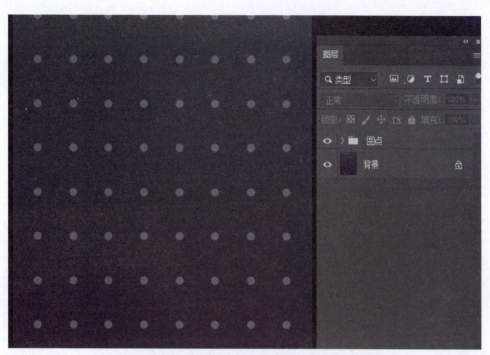

图 8.18 海报背景制作

图 8.19 文字编辑效果

图 8. 20　选择熊猫选区

图 8. 21　调整图像大小

图 8.22 用图像作为选区载入

（9）单击"新建图层"按钮，用"渐变工具"编辑渐变颜色，从左到右渐变色标的颜色值分别为 RGB（192，188，174）、RGB（129，86，158）、RGB（176，123，176）、RGB（127，166，184）、RGB（133，176，169）、RGB（175，122，175）、RGB（194，190，175）、RGB（176，124，176），如图 8.23 所示。

图 8.23 编辑渐变颜色

（10）执行"滤镜"→"液化"菜单命令，在打开的"液化"面板中，一笔一笔进行绘制，做出类似珍珠的光泽效果，如图 8.24 所示。

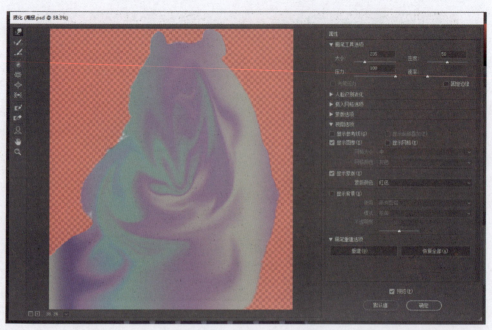

图 8.24　滤镜－液化调整

（11）对液化后生成的新的颜色图层选择"点光"模式，适当调整不透明度，如图 8.25 所示。

图 8.25　图层调整

（12）复制液化后生成的颜色图层，对其添加高斯模糊效果，执行"滤镜"→"模糊"→"高斯模糊"菜单命令，最后调整图片，如图 8.26 所示。

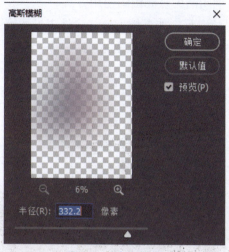

图 8.26　高斯模糊

（13）最终效果如图 8.27 所示。

图 8.27　海报最终效果

8.4.2　消失点滤镜

消失点滤镜允许用户在包含透视平面（如建筑物侧面或任何矩形对象）的图像中进行透视校正编辑，也可以在图像中指定平面，对其进行绘画、仿制、复制或粘贴等编辑操作。使用消失点滤镜来修饰、添加或移去图像中的某对象

视界工坊

张贴壁画
（消失点滤镜）

时，结果将更加逼真。使用消失点滤镜，用户可以在透视的角度下编辑图像，也可以在包含透视平面的图像中进行透视校正编辑。

下面做一个户外广告来说明消失点滤镜的使用方法。

（1）打开带有透视效果的图片，如高楼大厦、户外广告牌等，如图 8.28 所示。

图 8.28　户外广告牌

（2）打开"滤镜"→"消失点"，在弹出的"消失点"面板，选择"创建平面工具" ⊞，沿着户外广告牌的四个顶点单击，绘制出一个透视框，如图 8.29 所示。如要删除当前绘制的线，按 Backspace 键。单击"编辑平面工具" ▶，移动光标到要调整的角节点（即平面四角上的白色节点）上，单击并向所需方向拖移，调整透视框的形状（当透视平面线条为蓝色时，说明正确，当透视平面线条呈黄色时，说明角节点的位置有问题；当透视平面线条呈红色时，说明透视效果的透视角度错误）。

图 8.29　绘制出一个透视框

（3）打开一张素材图片，在素材图片所在图层上按快捷键 Ctrl + A 全选，按快捷键 Ctrl + C 复制，单击"滤镜"→"消失点"，按快捷键 Ctrl + V 粘贴图片。用鼠标把粘贴的图片向透视框内拖拉，图片会自动按透视显示。单击"确定"按钮，效果如图 8.30 所示。

图 8.30　贴入图片效果

（4）同样，在其他图层上输入文字"欢迎您回家"，设置好文字颜色、字体、字号。用
（3）的方法，复制、粘贴，并移动到透视框内，如图 8.31 所示。

图 8.31　输入文字"欢迎您回家"

（5）最终效果如图 8.32 所示。

图 8.32　最终效果

扫码获取常用滤镜组概览、制作下雪效果的实例和外挂滤镜安装方法。

知识驿站　　　　　知识驿站　　　　　知识驿站

常用滤镜组　　　外挂滤镜安装方法　　　制作下雪效果

视界工坊

雨中荷花设计

六、项目实施

任务一：设计美观办公用品

● 名片设计

（1）新建 9 cm×5.5 cm，分辨率为 200 ppi，背景色为 RGB（186，163，93）的文件，名称为"名片"。

（2）按快捷键 Ctrl + –，使图像窗口适中。

（3）打开本书"素材"文件夹中的"MP – 1"文件，如图 8.33 所示。

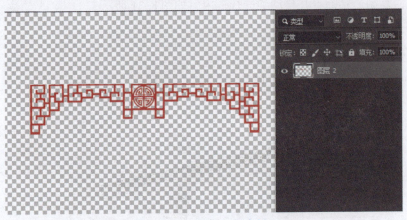

图 8.33　"MP – 1"素材

（4）选择图案所在图层，将其拖动至本文档中，效果如图 8.34 所示。

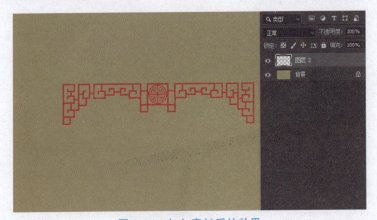

图 8.34　加入素材后的效果

（5）按快捷键 Ctrl + T，将其缩小并逆时针旋转 90 度，图像效果如图 8.35 所示。

图 8.35　旋转后效果

（6）选择"图层"→"图层样式"→"渐变叠加"命令，在弹出的"图层样式"对话框中设置相关参数。其中，左、右两个色标分别为 RGB（186，163，93）、RGB（255，255，255），不透明度左、右色标分别为 100%、0%，如图 8.36 所示。

图 8.36　"图层样式"对话框

（7）打开本书"素材"文件夹中的"MP–Logo"文件。

（8）将"MP–Logo"图层拖移至"MP–1"文件窗口中。

（9）按快捷键 Ctrl + T，将其缩放并摆好位置，效果如图 8.37 所示。

（10）按住 Alt 键，选中图层并拖动鼠标对 Logo 图层进行复制，效果如图 8.38 所示。

图 8.37　加入 logo 后的效果

图 8.38　logo 复制效果

（11）按快捷键 Ctrl + T 进行缩放，并选择"图层"→"图层样式"→"渐变叠加"命令，设置"渐变编辑器"两端的色标分别为 RGB（155，2，2）和 RGB（221，182，29），详细参数如图 8.39 所示。

（12）效果如图 8.40 所示。

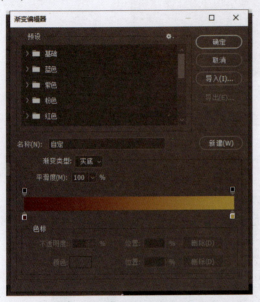

图 8.39　"渐变编辑器"对话框（1）　　　　　图 8.40　"渐变叠加"效果（1）

（13）选中"图层 3"，选择"图层"→"图层样式"→"渐变叠加"命令，具体参数如图 8.41 所示。左、中、右色标分别为 RGB（255，255，255）、RGB（209，194，147）、RGB（186，193，93）。

（14）效果如图 8.42 所示。

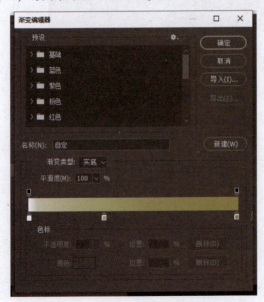

图 8.41　"渐变编辑器"对话框（2）　　　　　图 8.42　"渐变叠加"效果（2）

（15）单击"横排文字工具"，输入文字"北京市步源轩鞋业有限公司"，具体参数如图 8.43 所示。

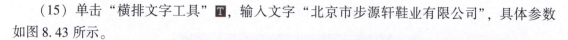

图 8.43　文字工具属性栏（1）

（16）调整文字位置，按住 Alt 快捷键，拖动复制该文字图层，并将文字改为"BEIJING BUYUANXUAN SHOE CO.，LTD."，具体参数如图 8.44 所示。调整文字位置，效果如图 8.45 所示。

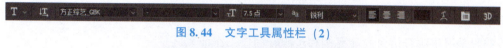

图 8.44　文字工具属性栏（2）

图 8.45　文字效果

（17）单击"横排文字工具"，在画面中输入"新名片"字样，具体参数如图 8.46 所示。

图 8.46　文字工具属性栏（3）

（18）按住 Alt 键，拖动，分别复制文字图层，效果如图 8.47 所示。

图 8.47　复制文字图层后效果

（19）输入"市场部总经理""1820523××××""地址：北京市鸭子桥路×× 号　销售公司：东四北大街××× 号""电话：010 - 12345678　8765××××""http://www.bjbyx.com E - mail：web××××××@bjbyx.com"，具体参数如图 8.48 所示。

图 8.48　文字工具属性栏（4）

（20）调整得到最终效果，如图 8.49 所示。

图 8.49　最终效果

扫码学习步源轩信封设计案例和步源轩制作工作证案例。

视界工坊　　　　　　　　　　　视界工坊

工作证设计案例　　　　　　　信封设计案例

任务二：构思公关赠品创意

● 手提袋设计

（1）新建一个尺寸为 105 cm×125 cm，分辨率为 300 像素/英寸，背景色为透明，名称为"手提袋"的新文档。

（2）按快捷键 Ctrl+R 显示标尺，从上端标尺处拖出一条参考线，如图 8.50 所示。

（3）单击"矩形选框工具" ▣，在底端沿参考线绘制一个矩形，效果如图 8.51 所示。

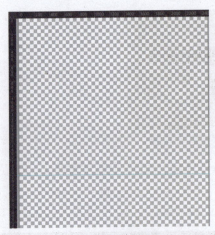

图 8.50　新建参考线　　　　　　　图 8.51　绘制一个矩形

（4）单击"渐变工具" ▣，设置"渐变编辑器"中两端的色标分别为 RGB（89，89，89）和 RGB（255，255，255），自上而下填充，效果如图 8.52 所示。

图 8.52 填充效果及参数

（5）单击"魔棒工具" ，单击上端空白区域，将其选中。

（6）新建图层，使用同样方法进行渐变填充，如图 8.53 所示。

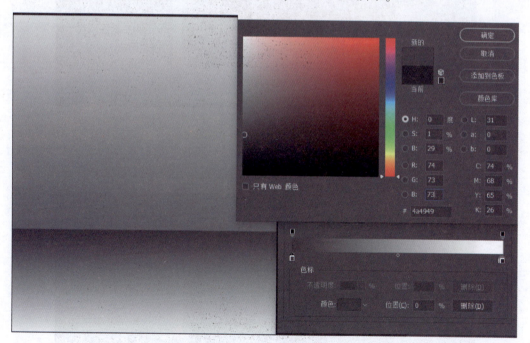

图 8.53 渐变填充效果

（7）新建图层，分别从上端和左端新建若干参考线，如图 8.54 所示。

（8）单击"矩形选框工具" ，绘出一个矩形选区，位置如图 8.54 所示。

（9）设置前景色的 RGB 数值为（186，163，93），按快捷键 Alt + Delete，将其填充颜色，如图 8.55 所示。

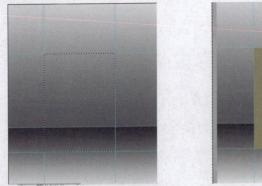 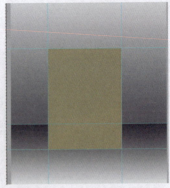

图 8.54　新建参考线及绘制矩形选区　　　　图 8.55　填充后效果（1）

（10）继续添加两条参考线，单击"钢笔工具" ，根据参考线的位置，绘制出如图 8.56 所示图形。

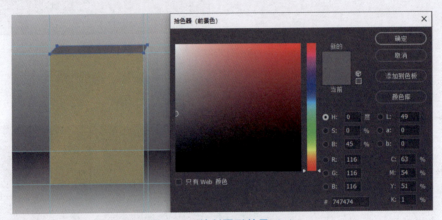

图 8.56　绘制图形效果（1）

（11）使用同样方法，根据参考线，绘制出图 8.57 所示图形。

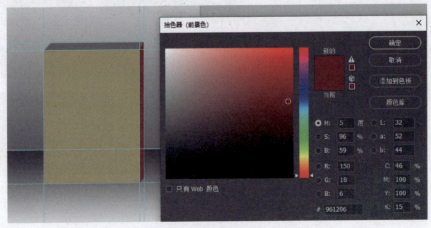

图 8.57　绘制图形效果（2）

（12）从画面左端再拉出两条参考线，置于画面中间位置，如图 8.58 所示。

（13）调整"图层 2"的前后位置，并新建立"图层 3"，如图 8.59 所示。

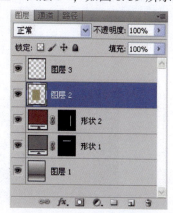

图 8.58　新建参考线　　　　　　　图 8.59　"图层"面板

（14）单击"椭圆选框工具" ，按快捷键 Shift + Alt 的同时拖动鼠标，绘出正圆形，按快捷键 Alt + Delete，填充前景色 RGB（116，116，116），如图 8.60 所示。

（15）选择"图层"→"图层样式"→"外发光"命令，在弹出的"图层样式"对话框中设置各项参数。

（16）复制"图层 3"，得到"图层 3 副本"，将其中的圆移动位置至图 8.61 所示位置。

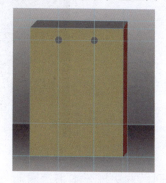

图 8.60　填充后效果（2）　　　　　　图 8.61　复制图层

（17）单击"钢笔工具" ，绘制出如图 8.62 所示的图形，得到"形状 3"图层。

图 8.62　绘制图形

（18）单击鼠标右键，执行"栅格化图层"命令。

（19）复制"形状3"图层，得到"形状3拷贝"，并调整其前后位置，如图8.63所示。

图8.63　调整图层顺序

（20）打开本书素材文件夹中的"步源轩logo竖版"，将其移动至"本"文件窗口中，按快捷键Ctrl+T调整大小和位置，效果如图8.64所示。

图8.64　调整素材后效果

（21）使用同样方法打开本书"素材"文件夹中的"北京布鞋坊"文件，调整至如图8.65所示效果。

（22）按住Ctrl键的同时单击该图层，将其选中，并按快捷键Alt+Delete填充前景色，设置前景色为RGB（150，18，6），如图8.66所示。

图8.65　素材效果　　　　　图8.66　填充后效果

（23）合并除"图层1"外的所有图层。

（24）将合并后得到的图层复制一份。

（25）选择"编辑"→"变换"→"垂直反转"命令，并调整位置，效果如图8.67所示。

（26）单击"图层"面板中的"添加图层蒙版" ▣，添加图层蒙版。

（27）单击"渐变工具" ▣，选择"渐变编辑器"中的"黑白渐变"选项，效果如图8.68所示。

图 8.67　垂直反转效果

图 8.68　渐变效果

（28）调整得到最终效果，如图8.69所示。

图 8.69　最终效果

扫码学习步源轩纸杯设计案例。

视界工坊

纸杯设计案例

任务三：构建办公环境视觉识别系统

• 部门导视牌设计

（1）新建尺寸为 50 cm×130 cm，名称为"导视牌"，分辨率为 200 像素/英寸，背景为白色的图像文件。

（2）按快捷键 Ctrl＋R，显示标尺，并从左端标尺处拉出两条参考线，如图 8.70 所示。

（3）新建"图层 1"。单击"矩形选框工具" ![], 在两条参考线之间绘制一个矩形选区，效果如图 8.71 所示。

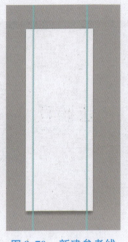

图 8.70　新建参考线　　　　　　　图 8.71　新建选区（1）

（4）单击"渐变工具" ![]，在弹出的"渐变编辑器"对话框中，设置两种颜色的色标分别为 RGB（190，3，10）和 RGB（234，53，46）。按 Shift 键的同时，拖动鼠标自左至右填充。详细参数如图 8.72 所示。

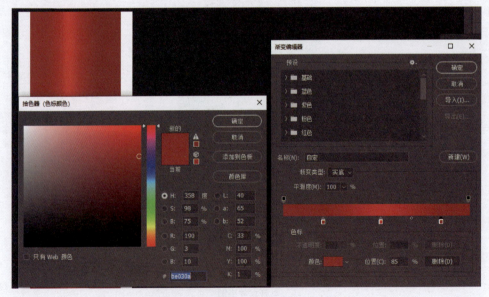

图 8.72　渐变填充效果及详细参数

（5）新建图层 2。

（6）从标尺处拖出若干参考线，单击"矩形选框工具" ![]，在选项栏设置里，选择

　，绘制图 8.73 所示选区。

　　（7）设置前景色 RGB（57，57，57）。单击"油漆桶工具" ，填充选区，效果如图 8.74 所示。

图 8.73　新建选区（2）

图 8.74　填充效果

　　（8）打开本书"素材"文件，并拖动至"本"文件窗口，改名为图层 3。

　　（9）按快捷键 Ctrl + T，执行自由变换，调整其大小、方向和位置，效果如图 8.75 所示。

　　（10）单击复制"图层 3"，得到"图层 3 副本"，按快捷键 Ctrl + T，执行"编辑"→"变换"→"旋转 180 度"，并移动，效果如图 8.76 所示。

图 8.75　调整素材后效果（1）

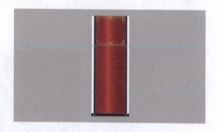

图 8.76　旋转效果

　　（11）打开本书"素材"文件夹中的"步源轩 logo 竖版"文件，选择菜单"图层"→"智能对象"→"转换为智能对象"，将其转换为智能图层，并拖移至"导视牌"文件窗口。

　　（12）按快捷键 Ctrl + T，调整其位置和大小，效果如图 8.77 所示。

　　（13）按 Ctrl 键的同时，单击该图层缩览图，得到图形选区。

　　（14）设置前景色 RGB（218，189，63），单击"油漆桶工具" ，填充选区，效果如图 8.78 所示。

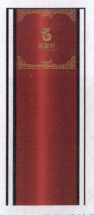

图 8.77　调整后效果　　　　　　　　　　图 8.78　填充效果及参数

（15）采用同样的方法，打开本书"素材"文件夹中的"传统图形"文件，将其移动至本文件窗口并调整，效果如图 8.79 所示。

（16）按快捷键 Ctrl＋J 将"传统图形"图层复制 2 份，调整它们的位置，如图 8.80 所示。将其组选并将它们转换为智能图层。

图 8.79　素材调整后效果（2）　　　　　图 8.80　复制素材后效果

（17）使用同样的方法，将一行三个传统图形复制 3 份，调整各自的位置，效果如图 8.81 所示。

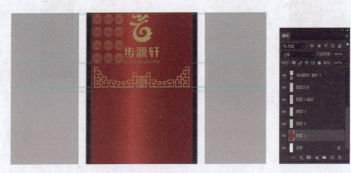

图 8.81　复制调整后效果

（18）同样，将其组选，转换为智能图层。按住 Alt 键的同时拖动鼠标复制一份至右侧，调整其位置，如图 8.82 所示。

图 8.82　复制后效果

（19）新建"图层4"，并从上端标尺处拖出一条参考线至上端两条参考线的下方，如图 8.83 所示。

图 8.83　新建参考线

（20）单击"矩形选框工具" ⬚，沿新建的参考线上端绘制一个矩形选区，如图 8.84 所示。

图 8.84　绘制矩形选区

（21）单击"渐变工具" ▦，在"渐变编辑器"对话框中，设置两种颜色，分别为 RGB（144，122，26）和 RGB（218，189，63），并填充，详细参数如图 8.85 所示。

图 8.85　渐变填充效果及详细参数

（22）将图层 4 复制 5 份，调整各自位置，效果如图 8.86 所示。

（23）新建"图层 5"。

（24）单击"椭圆选框工具" ，按住快捷键 Shift + Alt 的同时，在顶端条形黄色区域中间左侧绘制一个正圆形选区，如图 8.87 所示。

图 8.86　复制调整后效果

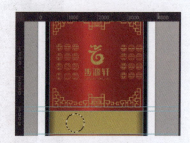

图 8.87　绘制正圆形选区

（25）设置前景色为 RGB（218，189，63），单击工具栏中的"油漆桶工具" ，将其填充。

（26）选择菜单中的"图层"→"图层样式"→"描边"命令，在弹出的"图层样式"对话框中设置大小为 20 像素、位置为外部、颜色为红色 RGB（178，14，13），详细参数及效果如图 8.88 所示。

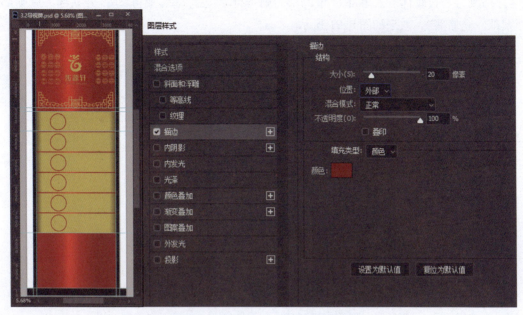

图 8.88 "图层样式"对话框及效果

（27）按住 Alt 键，拖动鼠标将图层 5 复制 5 份，并分别调整其位置，如图 8.89 所示。

（28）单击"横排文字工具" T，输入文字"1F"，设置字体大小为"160 点"，颜色为红色 RGB（178，14，13）。

（29）按住 Alt 键，分别拖动"1F"图层复制 5 份，并将文字内容分别改为"2F""3F""4F""5F""6F"，效果如图 8.90 所示。

图 8.89 复制及调整后效果

图 8.90 复制及并更改文字后效果

（30）单击"横排文字工具" T，在"1F"文字右边输入文字"经理室　会客室"，设置字号大小为 100 点、字体为方正黑体简体、颜色为红色 RGB（178，14，13）。

（31）按住 Alt 键，拖动"经理室　会客室"图层复制 5 份，并调整各自位置，将文字内容分别改为"行政部　人事部""市场部　财务部""设计部　业务部""公共部　后勤部""档案部　仓储部"，效果如图 8.91 所示。

（32）调整得到最终效果，如图 8.92 所示。

图 8.91　调整文字后效果　　　　图 8.92　最终效果图

扫码学习步源轩形象墙设计技巧。

视界工坊

形象墙设计

图 8.93　形象墙效果图

七、课后任务

（1）信笺的设计。新建尺寸为 21 cm×28.5 cm，名称为信笺，分辨率为 200 像素/英寸，背景为白色的新文档。素材图片如图 8.94 所示。设计效果如图 8.95 所示。

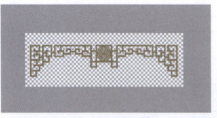

图 8.94 素材图片 · · · · · · · · · · · · · · · · · · · 图 8.95 设计效果

（2）及时贴标签设计。新建一个尺寸为 8.5 cm×8.5 cm，分辨率为 200 像素/英寸，背景色为白色，名称为"及时贴"的新文档。设计如图 8.96 所示效果的及时贴（以"步源轩 logo 竖版"为素材）。

图 8.96 效果图

八、任务工单

实施工单过程中填写如下工作日志。

工作日志

日期	工作内容	问题及解决方式

完成人：　　　　　　　　　　　　　日期：

匠 心 筑 梦 纪

创业路上的设计师——　　品牌灵魂——LOGO　　创意与现实的碰撞——
创意与市场策略的融合　　设计与企业文化　　满足客户需求的现实智慧

九、任务总结

完成上述任务后，填写下列任务总结表。

任务总结表

完成人：　　　　　　　　　　　　　日期：

十、考核评价

填写项目评价表。

项目评价表

评分项	优秀要求	分值	备注	自评	他评
项目资讯	能够准确回答有关使用不同滤镜实现效果的问题，掌握相关知识和技能	3	错误一项扣 0.5 分，扣完为止		
项目实施	按照要求，完成本项目任务的操作	3	错误一项扣 0.5 分，扣完为止		
项目拓展	按照要求完成课后任务	2	错误一项扣 0.5 分，扣完为止		
其他	工作日志和任务总结表填写详细，能够反映实际操作过程	2	没有填写或者内容太过简单，每项扣 0.5 分		

完成人：　　　　　　　　　　日期：

项目九　中国节日
海报设计